高职高专系列教材

电子技术基本技能
实训教程（第二版）

主　编　张永枫　李益民

副主编　周山雪　孙德刚

西安电子科技大学出版社

内 容 简 介

　　本书是高职电子技术专业的实训教材,通过实例引入器件的识别、测试方法以及测试设备的使用方法。

　　本书内容主要包括:电阻、电容、电感、晶体二极管、晶体三极管等常用器件的识别、测试和应用;万用表、稳压电源、信号发生器、示波器、晶体管特性测试仪、Q表、扫频仪等常用仪器的操作和使用;集成运算放大器及其应用。

　　本书内容取材合理,文字叙述清楚,可供高职高专院校三年制或四年制学生作为电子技术基础实训教材使用,也可作为工种考核培训教材。

图书在版编目(CIP)数据

电子技术基本技能实训教程/张永枫,李益民主编. —2 版.
—西安:西安电子科技大学出版社,2016.6(2024.2 重印)
ISBN 978 - 7 - 5606 - 4064 - 8

Ⅰ. ①电… Ⅱ. ①张… ②李… Ⅲ. ①电子技术－高等职业教育－教材
Ⅳ. ①TN

中国版本图书馆 CIP 数据核字(2016)第 129648 号

策　　划　马乐惠
责任编辑　马乐惠
出版发行　西安电子科技大学出版社(西安市太白南路 2 号)
电　　话　(029)88202421　88201467　　邮　编　710071
网　　址　www. xduph. com　　　　电子邮箱　xdupfxb001@163.com
经　　销　新华书店
印　　刷　咸阳华盛印务有限责任公司
版　　次　2016 年 6 月第 2 版　2024 年 2 月第 13 次印刷
开　　本　787 毫米×1092 毫米　1/16　印张 11.5
字　　数　265 千字
定　　价　25.00 元

ISBN 978 - 7 - 5606 - 4064 - 8/TN

XDUP　4356002－13

前　言

　　"电子技术基本技能实训"是一门操作性较强的专业基础课，它是"专业技能实训"和"技术应用与创新能力实训"等后续课程的基础。本书的编写目的就是让学生了解电工电子方面的基本知识，掌握常用器件的识别与测试方法，熟悉常用工具和仪器设备的使用，使学生能够独立运用它们分析和解决在后续的专业课学习及电子产品的制作与调试过程中出现的一些问题。本书将教学内容分成了8章，把主要的知识点和技能训练内容都融合在各章中。各章内容分为三部分：第一部分通过实训提出应知和应会的基本要求，使学生初步了解基本概念和基本操作方法；第二部分是对器件和仪器设备的了解与使用；第三部分是对常用器件和仪器仪表的综合运用。在各章的开始都以常用器件的基本应用电路为实例，使学生了解器件的主要特性、识别方法和测试手段；各章的核心内容是电路的分析、测试方法。此外还根据电路测试的实际需求逐步引入相关仪器设备及工具的使用。本书在各章节的教学内容编排上都充分体现了以上特点。全书共安排了16个实训，每章包含两个实训，首先推出的实训较简单，第二个实训相对复杂，主要作用是进一步强化学生的操作技能，使学生熟悉仪器仪表。实践证明，这种安排符合学生对事物的认知规律。

　　根据高职教育的特点，书中十分注重培养学生的实践能力和应用能力。实训课教学是否成功就在于学生能否真正掌握必备的基本技能并应用于实践。书中减少了验证性实验，增加了操作性、设计性、工艺性和综合性训练。因此，在实训内容的组织和安排上，有意识地训练学生对常用器件和仪器设备的应用意识与操作意识，使他们能够借助仪器设备来测试、分析和调试电路。

　　本书与普通高等教育的实验教材有着很大的区别，只关注各种常用器件的外部特性和对仪器仪表的熟练运用，通过对器件的测试和对典型电路的分析与调试，不断强化对仪器设备的操作和使用方法的掌握，即本书更加注重器件测试和借助仪器仪表完成对电路的测量过程，而对器件的内部结构与原理不做太多阐述。多年来，我们在电子技术基本技能实训课程的教学中一直采用教、学、做相结合的教学模式，收到了较好的教学效果。书中将这种经验在内容编排上作了充分体现，如第1章通过电阻的分压和分流作用，启发学生构建测量电流、电压和电阻的应用电路，逐步掌握电流表、电压表及万用表的基本原理与应用，特别适合于边讲、边做、边总结的教学方法，具有较强的可操作性。书中在内容安排上的另一特点就是强调对仪器设备的重复使用，即对在前面章节中已用过的仪器仪表，在后续章节中仍要求重复使用，其作用就是让学生熟练运用常用的仪器仪表。实践证明，只有在对仪器设备达到熟练运用的前提下，才能真正借助它们快速地测试、查找和排除实际中存在的各类问题。

　　本书适合于边教、边启发、边做、边学习的教学方法，在每章开始的实训中，先对相关的知识点予以讲解，在此基础上启发学生独立完成实训内容；在实训中，根据测试器件和电路参数的要求，当需要使用相关仪器仪表时，有针对性地介绍它们的基本操作和使用方法。

本书在第一版的基础上,考虑到集成运算放大器是模拟集成电路中应用最为广泛的一种器件,其应用已远远超出了数学运算的范畴,在自动控制系统、测量仪表等其他电子设备中已得到了越来越广泛的应用,并已成为当前模拟电子技术领域中的核心器件,所以在本次修订中增加了第8章"集成运算放大器及其应用",重点介绍了集成运算放大器的结构、特点及以其为主体构成的典型线性与非线性应用电路的分析、测试和应用,目的是在掌握常规分立元件电路测试与应用的基础上,进一步拓宽由运算放大器构成的集成元件及电路的应用与测试,使实训内容和体系更趋向于合理完整,以满足电子专业基本技能训练的需求。

本书参考教学时间为56~64学时(含实训),具体安排如下:第1章6学时;第2章8~12学时;第3章6学时;第4章6~8学时;第5章6~8学时;第6章6学时;第7章8学时;第8章10学时。各实训内容可根据专业和考证需要予以取舍。

参加本书编写的人员有:张永枫(第1、3章)、李益民(第5、6、8章)、周山雪(第2章)、孙德刚(第4、7章)。张永枫负责全书的总体策划及统稿。

由于时间紧迫和编者水平有限,书中不足之处在所难免,热忱欢迎读者对本书提出批评与建议。

编　者

2016年1月

于深圳职业技术学院

第 一 版 前 言

"电子技术基本技能实训"是一门操作性较强的专业基础课，它是"专业技能实训"和"技术应用与创新能力实训"等许多后续课程的基础。基本技能实训的目的就是让学生了解电工电子方面的基本知识，掌握常用器件的识别与测试方法，熟悉常用工具和仪器设备的使用，使学生能够独立运用它们分析和解决在后续专业课学习及电子产品的制作与调试过程中出现的一些问题。书中将教学内容分成 7 章，把主要的知识点和技能训练内容都融合在各章中。各章内容分为三部分：第一部分通过实训提出应知和应会的基本要求，初步了解基本概念和基本操作方法；第二部分扩展对器件和仪器设备的了解与使用；第三部分是对常用器件和仪器仪表的综合运用。在各章的开始都以常用器件的基本应用电路作为实例，使学生了解器件的主要特性、识别方法和测试手段。各章的核心内容是电路的分析、测试方法。此外还根据电路测试的实际需求逐步引入相关仪器设备及工具的使用。本书在各章节的教学内容编排上都充分体现了这一特点。全书共安排了 14 个实训，每章包含两个实训，首先推出的实训较简单，第二个实训则相对复杂，主要作用是进一步强化学生的操作技能，使学生熟悉仪器仪表。实践证明，这种安排符合学生对事物的认知规律。

根据高职教育的特点，书中十分注重培养学生的实践能力和应用能力。实训课教学是否成功就在于学生能否真正掌握必备的基本技能并应用于实践。书中减少了验证性实验，增加了操作性、设计性、工艺性和综合性训练。因此，在实训内容的组织和安排上，有意识地训练学生对常用器件和仪器设备的应用意识与操作意识，使他们能够借助仪器设备来测试、分析和调试电路。

本书与普通高等教育的实验教材有着很大的区别，只关注各种常用器件的外部特性和对仪器仪表的熟练运用，通过对器件的测试和对典型电路的分析与调试，不断强化对仪器设备的操作和使用方法的掌握，即本书更加注重器件测试和借助仪器仪表完成对电路的测量过程，而对器件的内部结构与原理不做太多阐述。几年来，我们在电子技术基本技能实训课程的教学中一直采用教、学、做相结合的教学模式，收到较好的教学效果。书中将这种经验在内容编排上作了充分体现，如第 1 章通过学习电阻的分压和分流作用，启发学生构建测量电流、电压和电阻的应用电路，逐步掌握电流表、电压表及万用表的基本原理与应用，特别适合于边讲、边做、边总结的教学方法，具有较强的可操作性。本书在内容安排上的另一特点就是强调对仪器设备的重复使用，即对在前面章节中已用过的仪器仪表，在后续章节中仍要求重复使用，其作用就是让学生熟练运用常用的仪器仪表。实践证明，只有在对仪器设备的使用达到熟练运用的前提下，才能真正借助它们快速地测试、查找和排除实际中存在的各类问题。

本书适合于边教、边启发、边做、边学习的教学方法，在每章开始的实训中，先对相关的知识点予以讲解，在此基础上启发学生独立完成实训内容；在实训中，根据测试器件和电路参数的要求，当需要使用相关仪器仪表时，有针对性地介绍它们的基本操作和使用方法。

    本书参考教学时数为 46~54 学时（含实训），具体安排如下：第 1 章 6 学时；第 2 章 8~12 学时；第 3 章 6 学时；第 4 章 6~8 学时；第 5 章 6~8 学时；第 6 章 6 学时；第 7 章 8 学时。各实训单元内容可根据专业和考证需要予以取舍。

    参加本书编写的人员有：张永枫（第 1、3 章）、李益民（第 5、6 章）、周山雪（第 2 章）、孙德刚（第 4、7 章）。本书由张永枫负责总体策划及统稿。

    由于时间紧迫和编者水平有限，书中的错误和缺点在所难免，热忱欢迎读者对本书提出批评与建议。

编　者

2002 年 6 月

于深圳职业技术学院

目　　录

第 1 章　电阻元件的识别、检测与应用

电阻器是在电子线路、各种电子电器设备中应用最多的电子元件。无论是在家用电器、电器仪表还是在各类电子应用设备中，都会用到各种不同规格、不同型号的电阻。电阻一般可用来降低电压，分配电压，稳定和调节电流，限流，分配电流，滤波，匹配阻抗，为其他器件提供必要的工作条件等。本章将介绍电阻元件的识别与检测及常用仪器仪表的使用方法。

实训 1.1　电阻在分压、分流电路中的应用

1. 实训目的

(1) 熟悉电阻元件在电子线路中的分流、分压作用，掌握电阻元件的识别与测量方法。

(2) 了解万用表和直流稳压电源的功能，掌握利用万用表测量电压、电流和电阻的基本方法。

(3) 掌握分析、计算和测试电阻电路的基本方法与操作步骤。

2. 实训设备与器件

(1) 实训设备：直流稳压电源 1 台，万用表 1 台，电烙铁。

(2) 实训器件：电阻元件，磁电系微安表头，万能板。

3. 实训电路与说明

在一些仪器仪表中，经常使用磁电系微安表头作为指示被测数据大小的指示器，它能够将流入表头的直流电流值的大小变化转换为指针偏转角度的大小变化。根据指针所在位置的表盘刻度值能直接读出被测参数值的大小。但这种表头允许通过其磁电系线圈的电流值很小，因此，在实际应用中不能用它直接测量较大的电流，也不能直接用来测量电压或电阻。在图 1.1 中，分别给出了用微安表头和电阻元件组成的几种基本电路，它们可分别用于测量直流电流和直流电压。首先，对各种电路的基本工作原理进行定性分析，再根据实训内容的要求在图 1.1 中正确选择出与之对应的电路，并根据被测参数的范围要求计算出电路中各电阻元件的阻值。

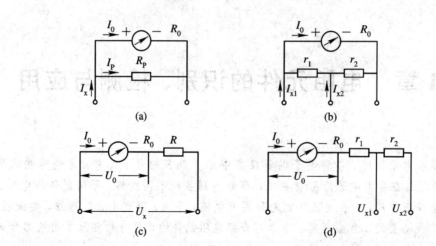

图 1.1　电阻分流、分压示意图

4. 实训内容与步骤

（1）用满偏为 50 μA、内阻为 3.5 kΩ 的磁电系微安表头测量直流电流，设被测电流范围为 0～1 mA 及 0～5 mA。

（2）用同样的磁电系微安表头测量直流电压，设被测电压范围为 0～5 V 及 0～10 V。

（3）根据上述要求确定测量电路，并计算出各电阻的参数值。

（4）检测元器件。首先用万用表测量出电阻元件的参数值，将测得的参数值与器件上的标识（文字、符号、色环）值相对照，若选用可变电阻，还要确定可变电阻的调试范围，并对初始值进行预调；然后用万用表测试磁电系微安表头是否完好。

（5）连接和调试电路。在万能板（或面包板）上焊接（连接）电路。焊接前，根据电路图确定各元器件在电路板上的位置分布，如按信号的流向将元件顺序排列。在焊接前必须将连接导线的焊接端刮净、镀锡，焊点要光滑、清洁。如果在面包板上连接，还要注意剥线头的长度，剥线不宜过长，以正好牢固插入插孔为宜。布线要合理、整齐、美观。在面包板上接线时，应将导线贴在面包板表面，不能将导线从器件上方跨接。元件的标称值要尽量露出并朝向容易读数的一面。导线的颜色要符合习惯用法，一般正电源用红线，负电源用蓝线，地线用黑线，信号线可用其他颜色的导线。

在通电前，要先检查实训电路的连接是否正确，并用万用表检查各器件间接触是否良好。用直流稳压电源模拟被测电压信号（若用电压源模拟电流信号，应在电压源的输出端串入一个相应的电阻）时，应先将输出电压的幅值调至最小。待检查无误后，接通电源及输入信号。然后逐渐增大输入信号，观察微安表指针的变化情况，此时表针的偏转角度也应逐渐增大（注意输入信号不许超出规定的量程范围，否则将损坏微安表头）。当输入信号达到允许测量范围内的最大值时，指针应正好指在满偏位置上，否则应重新修正电阻元件的参数值。将得出的结果分别填入实验数据表 1－1 和表 1－2 中。

表 1－1　测直流电流实验数据

直流电流 输入信号/mA								
微安表头 读数值								

表 1－2　测直流电压实验数据

直流电压 输入信号/V							
微安表头 读数值							

5．实训总结与分析

（1）了解所使用的磁电系微安表头的性能和使用方法。磁电系微安表头是根据通电线圈在磁场中受力的原理制成的指针式指示器，指针偏转的角度与通过线圈电流的大小成正比。以测量 $0\sim1$ mA 的直流电流为例，若用满偏为 $50\ \mu A$、内阻为 3.5 kΩ 的磁电系微安表头直接测量 $0\sim1$ mA 的直流电流，测量值将超出表头允许通过的最大电流 $50\ \mu A$，所以不能直接测量，应设法将通过表头的电流限制在 $50\ \mu A$ 以内。

（2）熟悉电阻元件分压、分流的基本原理和运算公式。若测量 $50\ \mu A$ 以上的直流电流，应在表头上并入分流电阻 R_P，如图 1.1(a) 所示。如果分流电阻的阻值选择适当，当被测（输入）电流在 $0\sim1$ mA 范围内变化时，流过表头的电流将在 $0\sim50\ \mu A$ 的范围内变化，表针也将在 0 至满刻度值的范围内偏转。若在表盘上标以相应的刻度值，就能直接由指针的位置读出被测的电流值。所以，问题的关键就在于如何根据被测对象和被测对象的变化范围选择满足要求的测量电路，并准确地计算出各器件的参数值。

在图 1.1(a) 中，可由分流公式 $I_0 = I_x \cdot R_P / (R_0 + R_P)$ 计算出分流电阻 R_P 的值。其中，I_x 为被测电流，I_0 为流过表头的电流，R_0 为表头内阻。设 n_I 为分流系数，则有

$$I_x = \frac{I_0(R_0 + R_P)}{R_P} = n_I I_0, \qquad n_I = \frac{I_x}{I_0} = \frac{R_0 + R_P}{R_P}$$

分流电阻为

$$R_P = \frac{R_0}{n_I - 1}$$

若将被测电流的最大值 $I_{xmax} = 1$ mA、表头满量程值 $I_{0max} = 50\ \mu A$、内阻 $R_0 = 3.5$ kΩ 代入式中，则分流电阻的近似值为

$$R_P = \frac{R_0}{n_I - 1} = \frac{3.5 \times 10^3}{\dfrac{1 \times 10^{-3}}{50 \times 10^{-6}} - 1} \approx 184\ \Omega$$

（3）掌握电阻元器件的识别方法，如色环电阻值的读法。了解电阻元件的材料、标识

和使用功率。实际中，若阻值参数和使用功率选择不当，会出现错误，甚至损坏器件和设备。若实际提供的阻值与所计算电阻的阻值不符，可采用可变电阻或用其他阻值的电阻经过串并转换后来替代。如果采用两个(或多个)电阻的串并联来替代某一电阻，就要注意当阻值满足要求时，电阻的使用功率也应符合要求。

(4) 掌握直流稳压电源的使用方法。若用直流稳压电源作输入直流电流信号源使用，应在稳压电源的输出回路中串入限流电阻，使得当电压源输出在 $0\sim5$ V 范围内变化时，电流 I_x 应在 $0\sim1$ mA 的范围内变化，限流电阻的大小可通过计算得到。

(5) 了解万用表的结构特点、原理和使用方法，能熟练运用万用表完成实训电路中各参数的测量，并掌握正确的测量方法。通过实训，了解万用表测量电流、电压和电阻时表盘刻度的确定方法。

(6) 通过实训，能独立分析实训项目中各基本电路的工作原理并掌握相关元件参数的计算方法。

1.1 电阻器及其应用

为了能够正确地识别、选择和使用电阻器，本节将重点介绍电阻器的种类以及识别和测量的基本方法。

1.1.1 电阻器的分类

常用的电阻器种类很多，一般分为固定电阻器和可变电阻器两大类。固定电阻器是指电阻器的阻值固定不变，而可变电阻器的阻值可根据需要在一定范围内进行调节。

1. 固定电阻器

固定电阻器(简称电阻)可根据制作材料和工艺的不同，分为碳膜电阻器、金属膜电阻器、线绕电阻器、热敏电阻器、光敏电阻器和压敏电阻器等不同类型。

(1) 碳膜电阻器(RT)。碳膜电阻器是在磁棒或瓷管上按一定工艺要求先涂一层碳质电阻膜，然后在两端装上帽盖，焊上引线，并在表面加涂保护漆，最后印上技术参数的电阻器。碳膜电阻器稳定性好，电压的改变对阻值影响小；其阻值范围大，可以制作成几欧姆的低值电阻，也可以制作成几十兆欧的高值电阻；而且碳膜电阻制作成本低，价格便宜，因此是目前使用得最多的一种电阻器，在精度要求不高的收音机、录音机中得到了广泛使用。

(2) 金属膜电阻器(RJ)。金属膜电阻器的外形和碳膜电阻器的相似，只是在磁棒或瓷管表面用真空蒸发或烧渗法制成金属膜，如镍铬合金膜和金铂合金膜等。金属膜电阻器体积更小，除具有碳膜电阻器的特征外，它比碳膜电阻器的精度更高、稳定性更好、噪音更低、阻值范围更大，最明显的是其耐热性能超过了碳膜电阻器。由于制作成本高，价格较贵，因此，这类电阻器主要用于精密仪器仪表和高档的家用电器中，如音响设备、录像机等。

(3) 线绕电阻器。线绕电阻器是用电阻系数较大的锰铜或镍铬合金电阻丝绕在陶瓷管上制成的。在它的外层涂有耐热的绝缘层，其两端有引线或安装有金属脚，可分为固定式和可调式两种。线绕电阻器的特点是精度高，噪音小，功率大，一般可承受 $3\sim100$ W 的额定功率。它的最大特点是耐高温，可以在 150℃ 的高温下正常工作。但由于其体积大，阻值不高(在 1 MΩ 以下)，不适合 2 MHz 以上的高频电路，因此只适用于在需要大功率电阻的电路中作分压电阻、泄放电阻或滤波电阻。此外，精密的线绕电阻器也可用于电阻箱、测量仪器(如万用表)等电器设备和小型电讯仪器仪表中。由于线绕电阻器的电感较大，因而不能在高频电路中使用。

(4) 热敏电阻器。热敏电阻器是用热敏半导体材料经一定烧结工艺制成的。这种电阻器受热时，阻值会随着温度的变化而变化。热敏电阻器有正、负温度型之分，用户在使用时应注意这一点。正温度型电阻器(用字母 PTC 表示)随着温度的升高，阻值增大；负温度型电阻器(用字母 NTC 表示)随着温度的升高，阻值反而下降。根据这一特性，热敏电阻器在控制电路中可用于控制电流的大小和通断，常作为测温、控温、补偿、保护等电路中的感温元件。

(5) 光敏电阻器。光敏电阻器是利用硫化镉或硫化铋等具有光电效应的半导体材料制成的电阻器。光敏电阻器的阻值受外界光线强弱的影响：当外界光线增强时，阻值逐渐减小；当外界光线减弱时，阻值逐渐增大。如用硫化镉制成的光敏电阻，在无光线照射时，阻值为 1.5 MΩ；而在有光线照射时，其阻值明显减小；在强光线照射时，其阻值可小至 1 kΩ。根据光敏电阻的这一特点，它常被用于电视接收机的自动亮度控制电路和光电自动控制器、照度计、电子照相机、光电开关和光报警器等电路中。

(6) 压敏电阻器。压敏电阻器是用氧化锌作为主要材料制成的半导体陶瓷器件，是对电压变化非常敏感的非线性电阻器。在一定温度和一定电压范围内，当外界电压增大时，阻值减小；当外界电压减小时，其阻值反而增大。因此，压敏电阻能使电路中的电压始终保持稳定，在电子线路中可用于开关电路、过压保护电路、消噪电路、灭火花电路和吸收回路中。

2. 可变电阻器

可变电阻器是指阻值在规定的范围内可任意调节的变阻器，它可分为半可调电阻器和电位器两类。

(1) 半可调电阻器。半可调电阻器是指电阻值虽然可以调节，但在使用时经常固定在某一阻值上的电阻器。这种电阻器一经装配，其阻值就固定在某一数值上，如晶体管应用电路中的偏流电阻。在电路中，如果需作偏置电流的调整，只要微调其阻值即可。在半可调电阻器中，功率较小的大多属于碳膜电阻器，功率较大的则多属于线绕电阻器，它常在收音机中用于电源滤波和调整偏流。

(2) 电位器。电位器是通过旋转轴来调节阻值的可变电阻器。普通电位器由外壳、旋转轴、电阻片和三个引出端子组成。当转动旋转轴时，电位器的接触簧片紧贴着电阻片转动，使两个引出端的阻值随着轴的转动而变化。由于电位器的阻值具有可调性，因此常作分压器和变阻器，如收录机的音量调节及电视机的亮度与对比度调节等都用电位器来控制。电位器的种类很多，常见的有膜式电位器、实心式电位器和绕线式电位器三大类。

此外，还有其他特殊类型的电阻，如气敏电阻、湿敏电阻等，它们的分类、特点和应用将在其他课程中介绍，此处不再赘述。常用电阻器如图 1.2 所示。

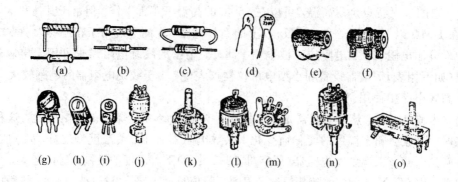

图 1.2　常用电阻器

(a) 碳膜电阻；(b) 金属膜电阻；(c) 碳质电阻；(d) 片状热敏电阻；(e) 线绕电阻；
(f) 滑动线绕电阻；(g)、(h)、(i) 微调可变电阻；(j)、(k)、(l)、(m)、(n)、(o) 各种电位器

1.1.2　电阻器的型号及命名

电阻器的型号很多，根据国家标准(GB2470—1981)规定，国产电阻器的型号由四个部分组成。

第一部分用字母表示产品的名称，如用 R 表示电阻，W 表示电位器。

第二部分用字母表示产品的制作材料，如用 T 表示碳膜，J 表示金属膜，X 表示线绕等，如表 1 - 3 所示。

表 1 - 3　电阻器材料与字母对照表

符号	H	I	J	N	S	T	X	Y
材料	合成膜	玻璃釉膜	金属膜	无机实心	有机实心	碳膜	线绕	氧化膜

第三部分用数字或字母表示产品的分类，如表 1 - 4 和表 1 - 5 所示。

表 1 - 4　电阻产品分类与数字对照表

数字	1	2	3	4	5	6	7	8	9
产品分类	普通	普通	超高频	高阻	高温	—	精密	高压	特殊

表 1 - 5　电阻产品分类与字母对照表

字母	G	T	W	D
产品分类	高功率	可调	—	—

第四部分用数字表示产品的序列号。例如，RJ - 71 表示精密金属膜电阻，RXT - 2 表示可调线绕电阻。

1.1.3　电阻器的主要性能指标

1. 允许偏差

允许偏差是指电阻器的标称阻值与实际阻值之差。在电阻器的生产过程中，由于技术原因，实际电阻值与标称电阻值之间难免存在偏差，因而规定了一个允许偏差参数，也称为精度。常用电阻器的允许偏差分别为 ±5％、±10％、±20％，对应的精度等级分别为Ⅰ、Ⅱ、Ⅲ级。我国电阻器的标称阻值有 E6、E12、E24、E48、E96、E192 几种系列，其中 E6、E12、E24 比较常用，如表 1－6 所示。标称值不连续分布，若将表中各数乘 10^n 可得到不同阻值的电阻器，如 1.1×10^3 为 1.1 kΩ 的电阻器。

表 1－6　电阻器参数表

系列	允许偏差	标　称　值	精度等级
E24	±5％	1.0　1.1　1.2　1.3　1.5　1.6　1.8　2.0　2.2　2.4　2.7　3.0 3.3　3.6　3.9　4.3　4.7　5.1　5.6　6.2　6.8　7.5　8.2　9.1	Ⅰ
E12	±10％	1.0　1.2　1.5　1.8　2.2　2.7　3.3　3.9　4.7　5.6　6.8　8.2	Ⅱ
E6	±20％	1.0　1.5　2.2　3.3　4.7　6.8	Ⅲ

电位器的允许偏差、精度等级系列和标称阻值系列与电阻器相同，其差别是电位器的标称阻值是指电位器的最大值。

2. 额定功率 P

额定功率 P 是指在一定条件下，电阻器能长期连续负荷而不改变性能的允许功率。额定功率的大小也称为瓦（W）数的大小，如 1/8 W、1/4 W、1/2 W、1 W、2 W、3 W、5 W、10 W、20 W，一般用数字印在电阻器的表面上。如果无此标示，可由电阻器的体积大致判断其额定功率的大小。如 1/8 W 的电阻器的外形尺寸长为 8 mm、直径为 2.5 mm；1/4 W 的电阻器的外形尺寸长为 12 mm、直径为 2.5 mm。

电位器额定功率的意义与电阻器相同。

1.1.4　电阻器的识别方法

电阻器的主要参数（标称阻值和允许误差）可标在电阻器上，以供识别。

1. 国内电阻器的标志法

在选用和正确识别电阻器的型号与规格时，一般可以从电阻器的表面数值直接读出它的阻值和精度，有时也可以从电阻器上印制的不同色环来判断它的阻值与精度。固定电阻器的常用标志方法有以下三种：

1）直接标志法

直接标志法是指将电阻器的主要参数和技术性能指标直接印制在电阻器表面上。它适用于体积较大（大功率）的电阻。使用时，可从电阻器表面直接读出它的电阻值及允许误差，如图 1.3(a)所示。

2) 文字符号法

文字符号法是指用字母和数字符号有规律的组合来表示标称电阻值,如图 1.3(b)所示。其规律是:符号位(K、M、G)表示电阻值的数量级别,如标识为 5K7 中的 K 表示电阻值的单位为 kΩ(千欧),符号前面的数字表示电阻值整数部分的大小,符号位后面的数字表示小数点后面的数值,即该电阻的阻值为 5.7 kΩ。

文字符号标志法一般在大功率电阻器上应用较多,具有识读方便、直观的特点,但对字母和数字含义不了解的人,在识读时会有一定困难,因此不常采用此法。

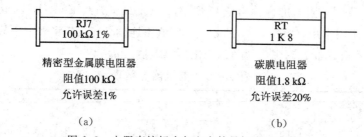

（a）　　　　　　　　　　　　　　　　（b）

图 1.3　电阻直接标志与文字符号标志示意图

（a）直接标志法；（b）文字符号标志法

3) 色码带标志法

色码带标志法在家用电器和音像设备中的电阻器上应用极为广泛。部分进口电阻器及常使用的碳膜电阻器均采用这种标志方法。

用色码带标志的电阻器上有 3 个或 3 个以上的色码带(也称色环)。最靠近电阻器一端的第一条色码带的颜色表示第一位数字,第二条色码带的颜色表示第二位数字,第三条色码带的颜色表示乘数,第四条色码带的颜色表示允许误差。如果有五条色码带,则其中第一条、第二条、第三条色码带表示第一位数、第二位数、第三位数,第四条表示乘数,第五条表示允许误差,如图 1.4 所示。

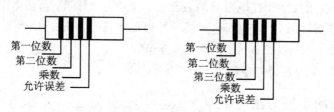

图 1.4　色码带标志示意图

在识读时,一定要看清最靠近电阻器一端的第一条色码带,否则会引起误读。四条色码带的电阻器色标符号规定见表 1-7。

表 1-7　电阻器色标符号规定

颜色	第一色码环	第二色码环	第三色码环(倍乘)	第四色码环(允许偏差)
黑	0	0	$\times 10^0$	—
棕	1	1	$\times 10^1$	—
红	2	2	$\times 10^2$	—
橙	3	3	$\times 10^3$	

续表

颜色	第一色码环	第二色码环	第三色码环(倍乘)	第四色码环(允许偏差)
黄	4	4	$\times 10^4$	—
绿	5	5	$\times 10^5$	—
蓝	6	6	$\times 10^6$	—
紫	7	7	$\times 10^7$	—
灰	8	8	$\times 10^8$	—
白	9	9	$\times 10^9$	—
金	—	—	$\times 10^{-1}$	$\pm 5\%$
银	—	—	$\times 10^{-2}$	$\pm 10\%$
本色	—	—	—	$\pm 20\%$

例 1　某一电阻器最靠近某一端的色码带按顺序排列颜色分别为红、紫、橙、金。查阅表 1 - 7 可知该电阻器的阻值为 27 kΩ，允许误差为 $\pm 5\%$。

例 2　某一电阻器最靠近某一端的色码带按顺序排列颜色分别为棕、黑、红、银。查阅表 1 - 7 可知该电阻器的阻值为 1 kΩ，允许误差为 $\pm 10\%$。

2. 进口电阻器的标志法

进口电阻器的标志方法与国产电阻器的标志方法大致相同，也采用直标法和色码带标志法两种方法。其中，色码带标志法与国产电阻器相同，可查阅表 1 - 7。而直接标志法依据电阻的型号、规格的不同共分为六项内容，每项都是采用字母或数字按一定顺序的组合来表示特定的含义。如第一项由 2 个字母组成，表示电阻器的种类；第二项用数字表示外形结构；第三项用 1～2 个字母表示特性；第四项用数字和字母组成，表示功率。前四项如表 1 - 8 所示。第五项为标称阻值，第六项表示阻值的允许误差，所用字母及含义与国产电阻器相同。

表 1 - 8　进口电阻器标志法中代号的意义

位置	代号	意　　义
第一项	RD	碳膜电阻
	RC	碳质电阻
	RS	金属氧化膜电阻
	RW	线绕电阻
	RK	金属化电阻
	RB	精密线绕电阻
	RN	金属膜电阻

续表

位置	代号	意　义
第二项	05	圆柱形，非金属套，引线方向相反，与轴平行
	03	圆柱形，无包装，引线方向相反，与轴平行
	13	圆柱形，无包装，引线方向相反，与轴垂直
	14	圆柱形，非金属外装，引线方向相反，与轴平行
	16	圆柱形，非金属外装，引线方向相反，与轴垂直
	21	圆柱形，非金属套，接线片引出，方向相反，与轴平行
	23	圆柱形，非金属套，接线片引出，方向相同，与轴垂直
	24	圆柱形，无包装，接线片引出，方向相同，与轴垂直
	26	圆柱形，无金属外装，接线片引出，方向相同，与轴垂直
第三项	Y	一般型（适用 RD、RS、RK）
	GF	一般型（适用 RC）
	J	一般型（适用 RW）
	S	绝缘型
	H	高频率型
	P	耐脉冲型
	N	防温型
	NL	低噪音型
第四项	2B	1/3 W
	2E	1/4 W
	2H	1/2 W
	3A	1 W
	3D	2 W

3. 电位器的标志法

电位器一般采用直标法，把材料性能、额定功率和标称阻值直接印制在电位器的外壳上，也有用冲压方法直接冲压的。标志内容分四个部分：第一部分为主称，用字母 W 表示；第二部分为导体材料，用字母表示；第三部分为特性用途，用字母表示；第四部分为序号，用数字表示。其后用数字及单位直接标明电位器的额定功率和标称阻值及电位器阻值变化特性。电位器各部分字母的意义如表 1 - 9 所示。

表 1 - 9　电位器各部分字母的含义

第一部分（主称）		第二部分（导体材料）		第三部分（特性用途）		第四部分（序号）
字母	意义	字母	意义	字母	意义	
W	电位器	T	碳膜	G	高功率	数字
		J	金属膜	R	耐热	
		H	合成膜	W	微调	
		Y	氧化膜	J	精密	
		S	实心	X	小型	
		X	线绕			
		D	导电塑料			

　　例如，"WH137　4.7 kΩ"表示合成膜电位器，阻值为 4.7 kΩ；"WSX－1 150 Ω"表示小型实心电位器，阻值为 150 Ω。进口电位器的标志也采用直标法。

　　常用电阻器、电位器的图形表示符号如图 1.5 所示。

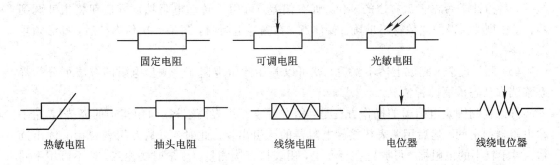

固定电阻　　　　可调电阻　　　　光敏电阻

热敏电阻　　　抽头电阻　　　线绕电阻　　　电位器　　　线绕电位器

图 1.5　电阻器、电位器的图形表示符号

1.1.5　电阻器的测量与代换

1. 电阻器的静态测量

　　用万用表(指针式或数字式)测量电阻器是测量阻值和判别其质量好坏最简易的方法。即使电阻器表面的阻值模糊不清，也可以用万用表进行测量，其测量方法如下：

　　(1) 检查电池。测量前，应先观察万用表电池的电压是否符合要求。以 MF－500 型万用表(见图 1.6)为例，将挡位旋钮置于电阻挡，再将倍率挡旋钮置于 $R\times1$ 挡，然后把两表棒金属部分短接，观察指针是否能到零位。如调整电阻挡调零旋钮后，指针仍不到零位，则说明电压已不足，需更换电池。

　　(2) 检查表针。检查在万用表两表棒未短接时指针是否在零位(万用表左边的零位置)。如不在零位，可旋转机械调零旋钮，将指针调至零位，这种方法一般称为机械调零，其具体操作如图 1.7 所示。

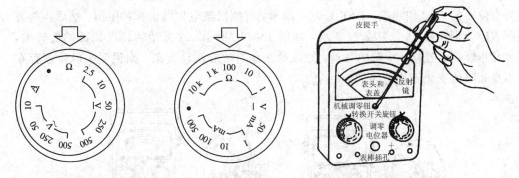

图 1.6　MF－500 型万用表挡位选择示意图　　　　图 1.7　万用表机械调零示意图

　　(3) 选择倍率挡。测量某一电阻器的阻值时，先把转换开关旋钮旋到电阻挡(标有符号"Ω"处)，然后再依据电阻器的阻值正确选择倍率挡。读数时，当万用表指针指在标度尺的中心部分附近时读数才较准确。如某一电阻器的阻值为 900 Ω，则正确的倍率挡为 $R\times100$。电阻器的阻值是万用表上刻度数值与倍率的乘积，如测得某一电阻器在万用表上刻度数值

为 9.8，而倍率挡所指读数为 100，则该电阻器的阻值为 980 Ω。若用数字式万用表，则可直接读出电阻值。

（4）电阻挡调零。在测量电阻之前还必须进行电阻挡调零。方法是：把万用表两表棒短接，看指针是否在表盘右边的零位。如有偏差，可用手转动电阻挡调零旋钮将指针调到零位。否则，测得的读数将不准确。要注意，在测量电阻时，每换一次倍率挡后，都必须重新调零一次。

（5）测量电阻。完成上述步骤后，就可以开始测量电阻了。测量电阻的方法可分为静态检测和动态检测两种情况。

静态检测固定电阻器的操作方法是：用右手拿万用表两表棒（像用筷子的姿势），左手拿电阻器的中间，然后用两表棒接触电阻器的两引出端。此时，可从万用表表盘上读出读数。对于较小的电阻器，可放置在台面上，用表棒直接测量。测量时要注意，切不可用手同时捏表棒和电阻器的两引出端。若用这种方法测量，等于是在原电阻器两端并联上人体的电阻，尤其在测量高阻值电阻器时，会使测量误差较大。万用表测电阻示意图如图 1.8 所示。

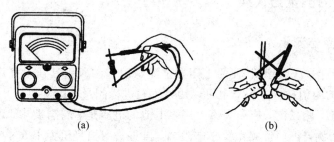

图 1.8　万用表测电阻示意图
（a）正确；（b）错误

在电路中测量电阻器时，一定要先切断电源，而且测量时需将一端断开，以免受其他元器件的影响，造成测量误差。若电路中接有电容器，还必须将电容器放电，以免产生的电压将万用表烧坏。

静态检测可调电阻器的操作方法是：在调整好万用表的电阻挡及倍率挡后，用表棒分别连接电位器的 1、3 引出端，如图 1.9（a）所示，可测出该电位器的标称阻值。然后再将万用表两表棒分别连接 1、2 端或 2、3 端，如图 1.9（b）所示，缓慢地转动电位器的旋转轴，观察表盘指针是否连续、均匀地移动。如果发现有断续或跳动现象，则说明该电位器存在接触不良和阻值变化不均的问题。

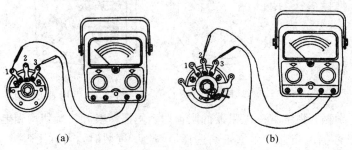

图 1.9　万用表测电位器阻值示意图
（a）测电位器标称阻值；（b）测电位器变化阻值

2. 电阻器的动态测量

在通常的测试和维修中，除了要掌握电阻器静态测试的操作方法外，还应掌握电阻器的动态测试方法。由于电路形式不同，电阻器所承担的任务也各不相同，如在收录机、电视机的电路中，电阻器分别起着分流、分压、阻尼、调音等作用。在没有充分理由判定电阻器存在问题之前，一般是不需要拆下来进行静态测试的，这样既花费时间，又把握不大，而且印刷电路板经多次拆焊很容易损伤。因此，对于复杂电路上的电阻器或排布密集的电阻器一般可采用动态测试法。

进行动态测试前，首先要分析、了解该电阻器在电路中的位置、作用及与之相邻的元器件之间的连接形式（是串联还是并联）。在接通电源后，还必须了解该电阻器上直流电压的大小，掌握这些资料之后，才可以进行检测。动态测量电阻器的具体方法包括测量不通电时电阻器的阻值和测量通电时电阻器两端电压这两种方法。

1）测量不通电时电阻器阻值的方法

例 3　电阻器与电容器并联时电阻值的测量。

若电路由 10 kΩ 的电阻器和 10 μF 的电容器相并联，如图 1.10 所示，则该电阻器的阻值基本是 10 kΩ。

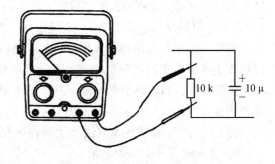

在测量时，由于并联电容器的作用，万用表刻度盘的指针开始时指在阻值较小的刻度上，而后慢慢上升，最后指针定在 10 kΩ 的位置上。这种现象是由电容器的充电过程引起的。如果刻度盘指针指在无穷大位置（∞），则说明该电阻器已开路，需要更换。如刻度盘指针指在零位，则说明电阻器和电容器中有一只或全部被击穿，需分别断开，再进一步检测。

图 1.10　万用表测量电阻与电容并联电路示意图

例 4　两只电阻器并联时电阻值的测量。

两只并联电阻要判别其好坏，可用万用表测其总阻值，如图 1.11 所示。如测得的总阻值为 $R = R_1 // R_2$，说明两只电阻器是完好的；若测得总阻值为无穷大（∞），说明两只电阻器都已开路（烧断），需更换；如测得总阻值为零，说明两只电阻器有短路现象；如测得总阻值为其中一只电阻器的阻值，则说明另一只电阻器已开路。

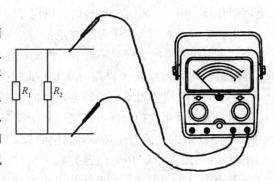

例 5　测量动态电位器。

图 1.11　万用表测量并联电阻电路示意图

电路中的电位器如果和其他元器件连接在一起，则检测较为困难。要判别其好坏仍需采用静态测试的方法，另外，还可以在实际使用时进行判断。如对于电视机和收录机上的音量电位器，可在使用时慢慢转动其旋钮轴，如出现"沙沙"声或者在某一位置出现无声现象，都说明电位器已损坏。

2) 测量通电时电阻器两端电压的方法

根据电路中电阻器的工作原理和所承受的工作电压的大小，可判断电阻器的好坏。即把万用表的旋钮调至电压挡和相应的倍率挡，然后用表棒测电阻器两端的电压，若其周围电路电压正常，而该电阻两端无电压，则说明电阻器已短路；若电压值超过正常电压，则说明该电阻器已开路。

动态检测在排除电器设备故障时可节省时间，但在动态检测中发现电路的故障后，仍需将电阻器拆下或断开一头，再进行静态测量，就是说，开始可用动态检测来判断故障，而后再用静态检测进行验证。

3. 电阻器的代换

在仪器仪表和电器设备中常遇到电阻损坏需要更换但又没有相同规格备件的情况，此时可以用以下方法进行代换。

1) 相同种类电阻器的串、并联代换法

由实训 1.1 我们已经知道，在串联电路中，由于总电阻值等于各分电阻值之和，因此，只要几只相同种类电阻器阻值之和等于被更换电阻器的阻值，用串联方法就能替代。如一只 4.7 Ω 的电阻器烧坏了，可用一只阻值为 2.0 Ω 和一只阻值为 2.7 Ω 的备件电阻器串联代换。

如果备件中只有阻值较大的电阻器，则可用并联代换法。因为并联电路中总电阻值的倒数等于各分电阻值的倒数之和，两只阻值相同的电阻器并联后，其总阻值为一只分电阻器阻值的一半。如电路中有一只 150 Ω 的电阻器烧坏了，则可以用两只 300 Ω 的电阻器并联来代换。

但是，用串、并联代换方法将使器件体积加大，可能给安装带来不便。

2) 其他种类及规格的代换

在代换时，要考虑性能与价格因素。在一般情况下，金属膜电阻器可以代换同阻值、同功率的碳膜电阻器，氧化膜电阻器可以代换金属膜电阻器。

半可调电阻器只使用某一阻值(即固定在某一阻值上)，在损坏时可用相应阻值的固定电阻器代换。相反，固定电阻器也可以用半可调电阻器调至相同阻值来代换。

电位器在代换时，除了考虑总阻值尽量相同外，还要考虑外壳的大小、转轴的长短和直径，否则在安装时会带来不便。阻值的代换范围一般在原阻值的 120%～130%，如原电位器阻值为 4.7 kΩ，则可以用 5.1 kΩ 的电位器来代换。

另外，还要注意用于代换的电阻器的功率，原则上不能小于原电阻器的额定功率。如无同功率电阻器可代换，可用两只以上功率略小的电阻器串联或并联来替代。例如，一只 100 Ω、1/2 W 的电阻器烧坏后，可用两只 50 Ω、1/4 W 的电阻器串联来代替，同时，也可用两只 200 Ω、1/4 W 的电阻器并联来替代。在要求不是很高的电路中，一般可用稍大于原功率的电阻器来替代。如果代换电阻的功率小于实际电阻器的功率，会使器件烧毁甚至造成其他设备、器件的损坏，因此在替换时要格外小心。

1.2 万用表及其应用

万用表是测量电阻、电压、电流等参数的常用仪表。它具有体积小、使用方便、检测精度较高、造价低廉等一系列优点，应用极为广泛。目前，人们通常使用的万用表有指针式和数字式两大类。

1.2.1　指针式万用表

指针式万用表有 U－10 型、U－20 型、U－101 型、U－201 型、MF－66 型、MF－94型、MF－122 型、MF－500 型等多种型号。图 1.12 为 MF－500B 型万用表面板示意图。

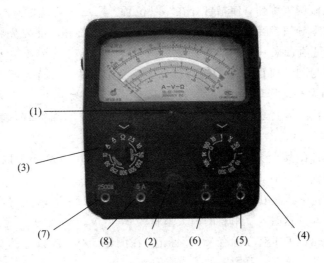

图 1.12　MF－500B 型万用表面板示意图

1. 主要技术指标

MF－500B 型万用表是一种高灵敏度、多量程的磁电整流式仪表，共有 24 个测量量程，能测量直流电压(DCV)、交流电压(ACV)、直流电流(DCA)、交流电流(ACA)、电阻(R)及音频电平。表盘装有减小视差的反射镜，所有量程切换均由两个选择旋钮来完成。它的测量范围和精度等级如表 1－10 所示。

表 1－10　MF－500B 型万用表测量范围和精度等级

项目	测 量 范 围	灵敏度及电压降	精度等级
直流电流	0～50 μA～1 mA～10 mA～100 mA～500 mA～5 A	0.75 A	2.5
交流电流	0～1 mA～10 mA～100 mA～500 mA～5 A	0.75 A	5.0
直流电压	0～2.5 V～10 V～50 V～250 V～500 V	20 kΩ/V	2.5
	2500 V	4 kΩ/V	5.0
交流电压	0～10 V～50 V～250 V～500 V～2500 V	4 kΩ/V	5.0
电阻	0～2 kΩ～20 kΩ～200 kΩ～2 MΩ～20 MΩ		2.5

2. 各主要旋钮的作用

MF—500B 型万用表面板的上半部是指示部分，通过指针的位置和与之对应的表盘刻度值可指示被测参数的数值。下半部是供操作的旋钮和插座，共有 4 个调节旋钮和 4 个插座，它们的名称及作用如下：

（1）机械调零旋钮：万用表在没有使用的状态下，指针应指在标度尺的"零"位上，如有偏移，可调节机械调零旋钮，使指针处在"零"位置。

（2）电阻挡调零旋钮：测量电阻时，无论选择哪一挡旋钮，都要先将指针指在"0 Ω"处，否则，会给测量值带来一定的误差。

（3）、（4）分别为测量项目及量程选择旋钮：在测量过程中，首先要选择测量项目，然后再根据被测值的大小选择量程。

（5）负极插孔：在其上方标有"－"标记，在做任何项目的测量时，黑表笔都应插在该插孔里。

（6）正极插孔：在其上方标有"＋"标记，在测量电阻、500 mA 以下的直流电流及 500 V 以内的交直流电压时，红表笔应插在该插孔里。

（7）高压插孔：在其上方标有"2500 V"标记，在测量 500 V 以上的交直流电压时，红表笔应插在该插孔里。这时，万用表的最大量程为 2500 V。

（8）大电流插孔：在其上方标有"5 A"标记，在测量 500 mA 以上的交直流电流时，红表笔应插在该插孔里。这时，万用表的最大量程为 5 A。

MF—500B 型万用表表盘共有 5 条刻度线，自上而下，第一条是欧姆挡刻度线；第二条是交直流电压和直流电流的共用刻度线；第三条是 10 V 以下交流电压专用刻度线；第四条是交流电流刻度线；第五条是音频电平刻度线。第一条电阻刻度线的标称单位为"Ω"，该线的刻度间隔是非线性的，表针的起始位置在"∞"，阻值从右到左递增。该刻度线所标刻度在用 $R \times 1$ 挡测量时可由表盘直读 x 值；若用 $R \times 10$ 挡测量时，实际值应为直读数 $x \times 10$；其他电阻挡位依此类推。分贝（dB）是度量功率增益和衰减的计量单位。万用表中一般以 0 dB（在阻抗为 600 Ω 时，1 mW 的增益显示为零分贝）作为参考零电平。其他三条刻度线分别作为测量电压和电流时的指示刻度，其中在测量 10 mA 以下的交流电流时要用满量程为 10 mA 的红色刻度值来读数。

3. 使用方法

（1）选择电源：在选用 $R \times 1$、$R \times 10$、$R \times 100$、$R \times 1$ k 挡时，万用表内部使用 1 节 1.5 V 的 5 号干电池供电；在选用 $R \times 10$ k 挡时，使用 1 节 9 V 的层叠电池供电。

（2）测量直流电阻：先根据（或估计）被测电阻的阻值，调节旋钮（3）到电阻挡，再调节旋钮（4）选择合适量程。测量前先将两表棒短接，再调节电阻调零旋钮，使指针指在"0Ω"处。如果无法将表针调零（特别是 $R \times 1$ 挡位），则说明表内的 5 号电池电力不足，应予以更换。在完成上述步骤后，可将表棒接到被测电阻的 2 个金属引出端，根据所设定的挡位读出电阻值。

（3）测量直流电压（小于 500 V）：调节旋钮（4）到电压挡，把黑表笔插入"－"插座，红表笔插入"＋"插座。将旋钮（3）置于直流电压最大量程挡，以免电压过大而损坏表头和内部电路，测量后再根据实际情况调整到适当的挡位。测量时，红表笔应接在被测电压的正极，否则指针会反转而易使表头损坏。然后根据指针的位置，读出直流电压值。用万用表测直流电压，如图1.13 所示。如要测量大于 500 V 且小于 2500 V 的直流电压，应将红表笔插在"2500 V"的插孔中（黑表笔位置不变）。

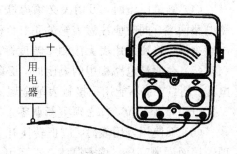

图 1.13　万用表测直流电压示意图

　　（4）测量交流电压（小于 500 V）：测量小于 500 V 的交流电压时，先将旋钮 4 置于交流电压的相应挡位，红、黑表笔可任意连接到被测电压的两端。如要测量大于 500 V 且小于 2500 V 的交流电压，应将红表笔插在"2500 V"的插孔中（黑表笔位置不变）。有些万用表的刻度盘上单独有一条交流 10 V 挡的标尺刻度，这是因为磁电式表头只能用来测量直流（即平均值），因此，在测量交流电压时，需经整流获得平均值，再以其有效值的形式表示出来。当参与整流的器件（如二极管）是非线性元件（即其等效电阻随通过的电流大小而变化）时，由于高压挡的分压电阻值较大，整流元件的非线性对表头分压的影响仍在允许误差范围之内，因此仍可借用直流电压挡刻度均匀的刻度标尺；而低压挡的分压电阻阻值很小，与整流元件串联后，表头分压受整流元件电阻变化的影响较大，特别是标尺的起始段已不再是均匀刻度了，所以交流低压挡和直流电压挡不能共用同一标尺刻度，否则会使交流电压指示不准确，产生较大误差。

　　（5）测量直流电流：把旋钮（3）置于直流电流挡位，如无法估计被测电流大小，要先置旋钮（4）于最大量程处。测量时，万用表应和被测电路串联，如图 1.14 所示，把红表笔接在高电压端（或"＋"端），黑表笔接在低电压端（或"－"端）。如红、黑表笔位置调错，指针将会向左边偏转，严重时会将表针打弯。

　　（6）测量交流电流：把旋钮（3）置于交流电流挡位，红、黑表笔位置可以调换，若被测电流小于 10 mA，应在满量程为 10 mA 的红色刻度线上读取被测数据。

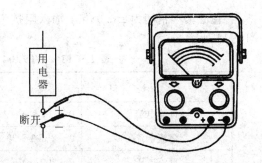

图 1.14　万用表测直流电流示意图

4. 注意事项

　　（1）在使用万用表前，应先检查万用表是否调零，包括机械调零和电阻调零。在测量电阻时，每换一次挡都要重新调零。当一切正常后，才可开始测试。

　　（2）测试时，要根据测量项目及估计的量程，将调节旋钮置在相应的位置上。除电阻挡外，表的量程一般应选在比实测值高的量程挡位上，如无法估计，则应选择最大量程，然后再根据测量情况进行调整。

　　（3）由于有些刻度是非线性的，在测量电压或电流时，一般应选择读数指针位于 2/3 满量程与满量程之间的位置上时读数才较为准确。

（4）测量电流时，万用表必须串联在被测电路中；测量电压时，万用表必须并联在被测电路两端。同时应注意表笔的正、负极性，红表笔应接在高电位，否则容易损坏万用表。一般来说，普通万用表无法测量幅度微小的高频交流信号。

（5）在测量电路板中的电阻时，必须将被测电阻与其他元件断开，并切断电路板上的电源。测量中，不能用手接触表笔金属的部分，以免人体电阻并入，引起测量误差。每改变一次电阻量程挡位，都必须重新调零。

（6）不使用万用表时，应把转换开关放在电压最高挡位上，防止下次使用时因忘记合理选挡而误测高压，将表损坏。若万用表长期不使用，应取出内部电池，以防电池漏液腐蚀内部电路而损坏万用表。

1.2.2　数字式万用表

数字式万用表与指针式万用表相比具有许多优点：测量值直接用数字显示，使读数变得直观、准确；机内采用大规模集成电路，极大地提高了测量内阻，从而减小了测量误差，提高了测量精度；提高了防磁能力，使万用表在强磁场下也能正常工作；增加了保护装置，具备了输入超限显示功能，提高了可靠性和耐久性。DT9204型是一种袖珍式数字万用表，它采用大号数字 LCD 显示，因而在光亮之处也能清晰读数。该表使用旋钮式量程转换开关，操作简便，具有多种检测项目；表内装有蜂鸣器，可提高连续检测的速度；使用时，电池能量消耗较小，并设有表内电池低电压指示功能，可防止电池低电压而引起测量误差。

1. 主要技术指标

直流基本精度为 $\pm0.05\%$，输入阻抗为 $10\ \mathrm{M\Omega}$，具备全量程保护功能，测量范围如表 1 - 11 所示。

表 1 - 11　DT9204 型数字万用表测量范围

项　　目	测　量　范　围
直流电流	$0\sim200\ \mu\mathrm{A}\sim2\ \mathrm{mA}\sim20\ \mathrm{mA}\sim200\ \mathrm{mA}\sim20\ \mathrm{A}$
交流电流	$0\sim2\ \mathrm{mA}\sim20\ \mathrm{mA}\sim200\ \mathrm{mA}\sim20\ \mathrm{A}$
直流电压	$0\sim200\ \mathrm{mV}\sim2\ \mathrm{V}\sim20\ \mathrm{V}\sim200\ \mathrm{V}\sim100\ \mathrm{V}$
交流电压	$0\sim2\ \mathrm{V}\sim20\ \mathrm{V}\sim200\ \mathrm{V}\sim750\ \mathrm{V}$
电阻	$0\sim200\ \Omega\sim2\ \mathrm{k\Omega}\sim20\ \mathrm{k\Omega}\sim200\ \mathrm{k\Omega}\sim2\ \mathrm{M\Omega}\sim20\ \mathrm{M\Omega}$
电容	$0\sim2\ \mathrm{nF}\sim20\ \mathrm{nF}\sim200\ \mathrm{nF}\sim2\ \mu\mathrm{F}\sim20\ \mu\mathrm{F}$
音频测试	$1\sim20\ \mathrm{kHz}$
二极管和线路通断测试	显示二极管正向电压值 导通电阻小于 $30\ \Omega$ 时，机内蜂鸣器响
晶体三极管 h_{FE} 参数测试	$0\sim1000$

2. 各主要旋钮的作用

DT9204 型数字式万用表的面板如图 1.15 所示。在其上半部有 1 个数字显示屏，下半部有 4 个输入插孔，中间是量程开关、电源开关和 h_{FE} 插孔。各部分的作用如下：

（1）显示屏：能显示 $3\frac{1}{2}$ 的位数和多种提示符。即满量程

值为 ±2000，实际显示最大值为 ±1999，其中，最高位只显示 0 或 1，而后三位的每一位可显示 0～9。若将满量程的最高位 2 作为分母，将实际显示最大值最高位的 1 作为分子，则显示屏的显示位数可表示为 $3\frac{1}{2}$ 位。

（2）电源开关：将开关置于"ON"位置时，电源接通；不用时，置于"OFF"位置。

（3）量程旋转开关：所有项目和量程都由此旋转开关来设定。应根据不同被测信号的要求，首先确定该旋转开关的挡位。当被测信号值未知时，应将量程开关置于最大挡位，然后再根据实测情况逐渐减小量程，直到满意为止。

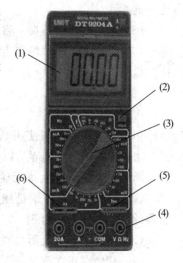

图 1.15　DT9204 型数字式
万用表面板示意图

（4）输入插孔：将黑表笔插入"COM"孔。当测量交直流电压、电阻、二极管时，红表笔插入"V·Ω"孔；当测量小于 200 mA 的交直流电流时，红表笔插入"A"孔；当测量 200 mA～20 A 的交直流电流时，红表笔插入"20 A"孔。

（5）h_{FE} 插孔：根据被测三极管的种类、型号，将三极管的 e、b、c 3 个极分别插入对应的"NPN"或"PNP"插孔内。

（6）电容检测插孔：将单个电容的两个管脚分别插入该插孔中（务必在测量前将电容完全放电）。

3. 使用方法

（1）测量直流电压：将量程开关置于"DCV"的相应挡位，黑表笔插在"COM"插孔，红表笔插在"V·Ω"插孔，打开电源到"ON"处，将表笔接到测量点上，读数即现。

（2）测量交流电压：将量程开关置于"ACV"的相应挡位，红、黑表笔的插入位置与直流电压测量时的相应位置相同，将表笔接到测试点上，读数即现。

（3）测量直流电流：将量程开关置于"DCA"的相应挡位。当被测电流超过 200 mA 时，应将红表笔插入"20 A"插孔；当被测电流小于 200 mA 时，应将红表笔插入"200 mA"插孔，黑表笔仍插在"COM"孔中，然后将红、黑表笔串入被测电路中，读数即现。

（4）测量交流电流：将量程开关置于"ACA"的相应挡位，其测量方法与测量直流电流的方法相同。

（5）测量电阻：将量程开关置于电阻的相应挡位，黑表笔插入"COM"孔，红表笔插入"VΩ"孔，然后将表笔接到电阻两端，读数即现。

（6）h_{FE} 检测：根据被测三极管是 PNP 型或 NPN 型，将量程开关置于相应的位置，然后将被测三极管的 e、b、c 3 个极分别插入对应的"e"、"b"、"c"插孔内。此时，将显示出 40～1000 之间的 β 值。

（7）蜂鸣器：将量程开关置于标有蜂鸣器符号的位置，黑表笔置于"COM"孔，红表笔

置于"V·Ω"孔。如果所测电路的电阻在 30 Ω 以下，则表内的蜂鸣器将发出声音，表示电路导通。

（8）测量二极管压降：将量程开关置于二极管挡，因为数字表的红表笔接表内电池的正极，因此，在测试时将红表笔插入"V·Ω"孔，接二极管的正极，黑表笔插入"COM"孔，接二极管的负极。

4. 注意事项

（1）数字式万用表使用 9 V 的叠层电池，如电池电压不足，显示屏将有低电压字符显示，此时应及时更换电池，以免引起测量误差。在电池盒内，还装有 0.5 A 的熔断器。当熔断器断开后，显示屏上将无显示，打开电池盖可进行更换。

（2）在使用中，特别是测量电流时应注意量程开关当前的挡位是否合适，红、黑表笔所插的孔是否正确。否则，容易引起万用表的损坏。

（3）应在显示稳定后再读数，若显示数字一直在一个范围内变化，则应取中间值。

（4）不允许正在测 220 V 以上高压或 0.5 A 以上大电流时拨动量程开关，以免产生电弧，烧坏开关触点。

（5）不允许在被测线路带电的情况下测量电阻，也不允许测量电池的内阻，因为这样做不仅对测试结果毫无意义，还容易烧坏万用表。

（6）在选用电阻挡检测二极管时，红表笔接正极，黑表笔接负极，与指针式万用表用法正好相反。

1.3 直流稳压电源及其应用

直流稳压电源是电工、电子等实验中常用的仪器之一，其种类很多。下面以 DPS－2020 双路直流稳压电源为例来说明稳压电源的主要特性及使用方法，如图 1.16 所示。

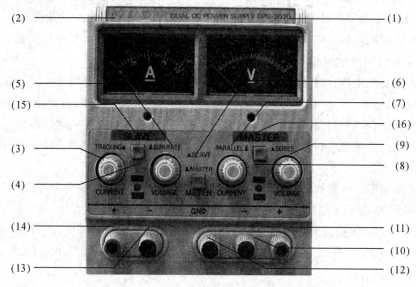

图 1.16 DPS－2020 双路直流稳压电源示意图

1. 面板各主要部分的作用

(1) 电压表头：显示输出电压。分别显示主路和从路两路电压，每路电压均在 0～20 V 范围内连续可调。

(2) 电流表头：显示输出电流。分别显示主路和从路两路电流，每路电流都在 0～2.0 A 范围内连续可调。

(3) 从路输出电流调节旋钮。

(4) 从路输出稳压/稳流指示灯（CV/CC）：当稳压电源的从路输出处于稳压状态时，稳压指示灯 CV 发绿光；当处于稳流工作状态时，稳流指示灯 CC 发红光。

(5) 从路输出电压调节旋钮。

(6) 指示表头选择开关：选择电流/电压表头接入主路或从路输出。

(7) 主路输出电流调节旋钮。

(8) 主路输出稳压/稳流指示灯（CV/CC）：当稳压电源的主路输出处于稳压状态时，稳压指示灯 CV 发绿光；当处于稳流工作状态时，稳流指示灯 CC 发红光。

(9) 主路输出电压调节旋钮。

(10) 主路输出"－"输出端。

(11) 主路输出"＋"输出端。

(12) 接地端。

(13) 从路输出"－"输出端。

(14) 从路输出"＋"输出端。

(15) 跟踪/独立输出转换开关：当置于跟踪方式时，电源工作于主从控制方式（具体方式由串/并联转换开关选择）；当置于独立方式时，各路独立输出。

(16) 串/并联转换选择开关：当置于跟踪方式时，可用于串联与并联方式的转换。因为在有些情况下，根据负载的不同要求，电源可采用串联或并联两种接法。

2. 使用方法

(1) 接通电源开关，电源指示灯亮。

(2) 输出电压和电流都是连续可调的。电压/电流调节旋钮顺时针调节，输出的电压/电流由小变大；逆时针调节，输出的电压/电流由大变小。

(3) 将跟踪/独立转换开关置于独立位置时，各路独立输出。

(4) 指示表头选择开关弹出时，显示窗口将显示主路输出电压值和电流值；开关按下时，显示从路输出电压值和电流值。

(5) 将跟踪/独立转换开关置于跟踪位置时，若主路的正端输出与从路的正端输出相连，负端与负端相连，则为并联跟踪接法，可以输出较大的电流，调节主路电压或电流调节旋钮，输出电压可在电压表上读出，电流为两路电流之和；若主路的负端输出接从路的正端输出，则为串联跟踪接法，调节主路电压或电流调节旋钮，从路的输出电压或电流跟随主路变化，负载电流可由电流表读出，输出电压为两路电压之和。

(6) 该电源具有限流设置功能。用一条短路线暂时将电源的（＋）和（－）端子短路，旋转电压控制旋钮直到 CC 稳流指示灯亮，再调节电流旋钮到需要的电流值，取掉短路线，电流的过载保护值就设定完毕，电源进入正常工作状态。注意此后不能改变电流旋钮。

（7）恒压/恒流特性。当电源工作于恒压状态时，将输出一个稳定电压。此时，随着负载的增大，输出电压会一直保持稳定，直到负载达到预置的限流值。到达限流值后，输出电流将保持不变，而输出电压将随着负载的进一步增加而成比例减少，即电源从恒压状态自动转换到恒流状态。同样，当负载减小时，电源也可从恒流状态自动转换到恒压状态。其中恒压状态时 CV 稳压指示灯亮，恒流状态时 CC 稳流指示灯亮。

1.4　接插件及开关

接插件及开关的主要作用是用来实现电路、光纤及设备间的连接，以及通过金属接触点的闭合或开启使其所连接的电路被接通或断开。这类元器件大多串联在电路中，起着连接各电路的作用，其质量和可靠性会直接影响整个电子系统及设备的质量和可靠性。其中最突出的是接触问题。接触不可靠不仅影响信号和电能的正确传送，而且也是噪声的重要来源之一。若能合理选择和正确使用开关及接插元件，将会大大降低整机在使用中的故障率。

1. 常用接插件

接插件是电子设备中广泛使用的一种元件。按工作频率可分为低频接插件（使用频率在 100 MHz 以下）和高频接插件（使用频率在 100 MHz 以上）。高频接插件在结构上要考虑高频电场的泄漏、反射等问题，因此，一般都用同轴结构与同轴线相连接，所以也称为同轴连接器。随着光纤传输技术的应用，在光纤与设备或光纤与光纤之间通常采用专用的接插件，也叫作连接器或跳线器。

按外形结构特征，常用接插件可分为圆形接插件、矩形接插件、印制板接插件、扁平排线接插件等。以下介绍几种常用的接插件。

（1）圆形接插件。这种接插件如图 1.17 所示，俗称航空插头插座。它有一个标准的旋转锁紧机构，并有多接点和插拔力较大的特点，连接较方便，抗震性极好，同时还容易实现防水密封以及电场屏蔽等特殊要求。这种接插件适用于大电流连接，广泛用于不需经常插拔的电气之间及电气与机械之间的电路连接中，且接点数量多，从两个到近百个，额定电流可从 1 A 到几百安培，工作电压均在 300～500 V。

（2）矩形接插件。矩形接插件能充分利用空间位置，所以被广泛应用于机内互连。当带有外壳或锁紧装置时，也可用于机外的电缆和面板之间的连接，如图 1.18 所示。矩形接插件可分为插针式和双曲线簧式、带外壳式和不带外壳式、带锁紧式和非锁紧式多种规格。实际使用中可根据电路要求，查阅手册予以选择。

（3）印制板接插件。印制板接插件的结构形式有直接型、插针型等，如图 1.19 所示。选用时可查阅手册。

（4）扁平排线接插件。这种连接器的端接方法不是靠接触，而是靠刀口刺破绝缘层实现接点连接的目的，因此，也称绝缘—移位—接触连接器，如图 1.20 所示。该类连接器接触可靠，适用于微弱信号的连接，多用于计算机及外部设备中。

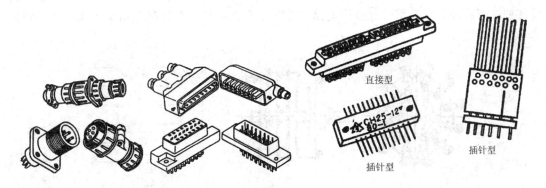

图 1.17　圆形接插件　　　　图 1.18　矩形接插件　　　　图 1.19　印制板接插件

（5）其他接插件。

接线柱：常用于仪器面板的输入、输出接点，种类很多，如图 1.21 所示。

接线端子：常用于大型设备的内部接线，如图 1.22 所示。

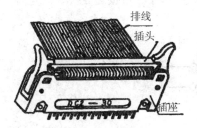

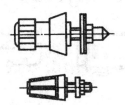

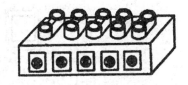

图 1.20　扁平排线接插件　　　　图 1.21　接线柱　　　　图 1.22　接线端子

影响接插件质量及可靠性的主要因素是温度、潮热、盐雾、工业气体及机械振动等。高温影响弹性材料的机械性能，容易造成应力松弛，导致接触电阻增大，并使绝缘材料性能变坏；潮热使接触点腐蚀并造成绝缘电阻下降；盐雾易导致金属零件等的腐蚀；工业气体的二氧化硫和硫化氢对接触点特别是银镀层腐蚀作用很大；振动易造成焊接点脱落、接触不稳定等。选用时，除应根据产品技术条件规定的电气、机械、环境要求外，还要考虑动作次数、镀层磨损等。测量接插件的好坏，可用万用表的电阻挡分别测量各接点间的接触是否良好。

2. 常用开关

在电子设备中，开关是用于接通和切断电路的，其大多数都是手动式机械结构。由于此结构操作方便、价廉可靠，目前被广泛使用。

常用的机械结构开关有波段开关、刷型开关、按钮开关、键盘开关、琴键开关、钮子开关和拨动开关等。随着新技术的不断发展，各种非机械结构的开关不断出现，如气动开关、水银开关以及高频振荡式、电容式、霍尔效应式等各类接触和非接触、有触点和无触点电子开关等。下面介绍几种常用的机械结构开关。

（1）波段开关。如图 1.23（a）所示，波段开关分为大、中、小型三种，接点采用切入或咬合接触。波段开关多用几刀几掷为主要规格，电路符号如图 1.23（b）所示。使用时通过旋转使几刀联动，同时切断或接通电路。波段开关的一般工作电流为 0.05～0.3 A，电压为 50～300 V。

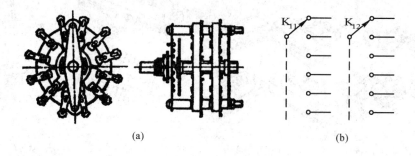

图 1.23　波段开关

(a) 外形图；(b) 二刀六位电路符号

（2）按钮开关。如图 1.24 所示，按钮开关分为大、小型两种，形状多为圆形和方形。其结构主要有簧片式、组合式、带灯与不带灯等结构。开关按下时电路接通，松开时电路断开，故也称为点动开关，多用于电子设备的接触开关。

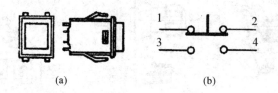

图 1.24　按钮开关

(a) 外形图；(b) 电路符号

（3）键盘开关。如图 1.25(a) 所示，键盘开关多用于计算机(器)或智能仪器通讯器材等设备的快速通断。键盘有数码键和符号键，其接触形式有簧片式、导电橡胶式等，电路符号如图 1.25(b) 所示。

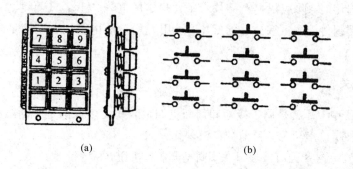

图 1.25　键盘开关

(a) 外形图；(b) 电路符号

（4）琴键开关。如图 1.26(a) 所示，琴键开关属于摩擦式接触，锁紧形式有自锁、互锁、无锁、互锁复位，开关有单键、多键等形式。电路符号如图 1.26(b) 所示。

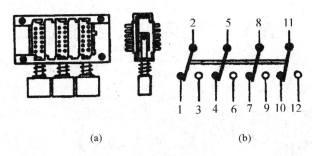

(a)　　　　　　　　　　　　(b)

图 1.26　琴键开关

(a) 外形图；(b) 电路符号（四刀双掷）

(5) 钮子开关。如图 1.27(a)所示，钮子开关在电子设备中是较常用的一种开关，它有大、中、小和超小型，有单刀、双刀和三刀等结构，触点有单掷和双掷两种，工作电流从 0.5 至 5 A 不等，电路符号如图 1.27(b)所示。

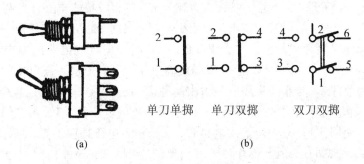

单刀单掷　　　单刀双掷　　　双刀双掷

(a)　　　　　　　　　　　　(b)

图 1.27　钮子开关

(a) 外形图；(b) 电路符号

(6) 拨动开关。如图 1.28(a)所示，拨动开关采用水平滑动换位、切入式咬合接触，常用于仪器仪表、收录机等电子产品中，电路符号如图 1.28(b)所示。

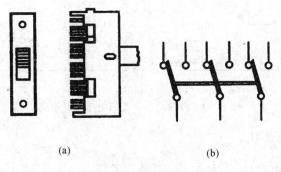

(a)　　　　　　　　　　　　(b)

图 1.28　拨动开关

(a) 外形图；(b) 电路符号

开关的测试可采用万用表的欧姆挡，将开关分别拨到各个位置，根据其导通或断开判断其好坏。能否正确地选择及使用开关、接插件，对产品的可靠性影响很大。在选用时，开关、接插件的额定电压、电流应高于电路中的额定参数，同时要考虑工作环境和机械要求等因素。

实训 1. 2   电阻应用电路的测试

1. 实训目的

进一步熟练掌握万用表测量电压、电流、电阻的基本方法。

2. 实训设备与器件

(1) 实训设备：直流稳压电源 1 台，万用表 1 台，电烙铁。

(2) 实训器件：电阻元件，电位器，74LS00 芯片，万能板。

3. 实训电路与说明

74LS00 是一个 TTL(晶体管－晶体管逻辑电路)与非门集成电路，当两个输入端均为高电平(约为＋5 V)时，输出端为低电平(约为 0 V)；当两个输入端有任何一端为低电平或均为低电平时，输出端为高电平。为了让集成 TTL 与非门集成电路的输出端在最大负载下能得到低电压输出(0～0.8 V)，输入端应接高电压，我们把输入高电压的下限值 U_{1H} 叫作开门电压。为使 TTL 与非门集成电路输出高电压(3～5 V)，输入端应接低电压，我们把输入低电压的上限值 U_{1L} 叫作关门电压。开门电压和关门电压是 TTL 与非门集成电路的重要参数，在实际使用 TTL 与非门集成电路时，如果输入电压选取不当，将导致输入与输出之间的逻辑关系出现错误，因此，有必要准确地测量出 TTL 与非门集成电路的输入开门电压和关门电压。图 1.29(a)、(b)分别为 TTL 与非门集成电路的输入开门电压和输入关门电压的检测电路。

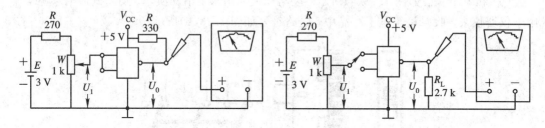

图 1.29   开门电压与关门电压测量电路

4. 实训内容与步骤

(1) 合理选择万用表的挡位和量程，调整测量零点。分别测量电阻和电位器元件的参数值，将测得的参数值和器件上的标识(文字、符号、色环)值相对照。

(2) 连接和调试电路。在接通电源前，先用万用表检查电路接触是否良好，然后将万用表旋钮调至正确的挡位上，将万用表分别接在 TTL 与非门的输入和输出端；接通电源，调整电位器旋钮，使电位器输出电压值为最大，此时 TTL 与非门输出电压应为最小。

(3) 调整电位器旋钮使电位器的输出电压逐渐减小，同时观察万用表指针的变化，并将结果记录在表 1－12 中。

表 1 – 12　TTL 与非门输入/输出电压测试结果

测量开门电压		测量关门电压	
TTL 与非门 输入电压/V	TTL 与非门 输出电压/V	TTL 与非门 输入电压/V	TTL 与非门 输出电压/V
开门电压 $U_{1H}=$	/V	关门电压 $U_{1L}=$	/V

【本章小结】

　　电阻器是根据导体材料对电流呈现出一定阻力的原理制成的电子器件，可用来分压、分流、限流、滤波、阻抗匹配等。电阻器一般有实心电阻器、线绕电阻器和薄膜电阻器。电阻器的主要参数有标称值、允许误差、额定功率等。电阻器的标志方法有直标法、色标法和文字符号法。测量电阻器时要注意量程的选择、万用表的调零和读数的准确。

　　电位器是电阻值连续可调的三端元件。电位器的测试和电阻器的测试基本一致。电位器和电阻器的型号命名方法相同。电位器一般采用直标法。

　　万用表有指针式和数字式两种，可分别用于测量直流电压、电流，交流电压、电流和直流电阻。在一些万用表中，还附加有测量电容、电感、晶体管直流放大倍数和温度等功能。若要真正发挥万用表的作用，必须遵守使用规则，应搞清楚表盘、转换旋钮、接线插孔的作用，了解指针式万用表各挡位与刻度盘之间的对应关系。每次选好测量项目和量程挡位后，要调整测量零点。指针式万用表还应明确从哪一条刻度线上读数，应知道该刻度线上一个格代表多大数值。

　　在实际应用中，各种类型的直流稳压电源能提供一定功率的输出电压。其输出电压一般包括单路输出、多路输出和固定电压输出、可调电压输出等类型。DPS—2020 型稳压电源还可根据负载要求，将输出端串接或并接，以提高输出功率或提供正负极性的电压源。

习　题　1

　　1.1　写出下列文字符号的意义：3M9、3K3、RT—0.25—240 K±5%。

　　1.2　已知某一电阻器按最靠近某一端的色码带排列顺序为绿、棕、橙、无色，该电阻器的阻值是多少？若按最靠近某一端的色码带排列顺序为橙、黑、红、金色，则该电阻器阻值是多少？

　　1.3　如果要用万用表测量一只标称值为 1.2 kΩ±10% 的电阻，应选择哪一电阻挡最适宜？

1.4　为什么用万用表测电阻时，每换一次挡位都要重新调零？

1.5　能否在通电状态下转换量程开关，为什么？

1.6　"指针式万用表选用电阻挡时，黑表笔相当于电池正极，红表笔相当于电池负极"这句话对吗？试绘图说明。

1.7　为何在有些万用表的刻度盘上单独有一条交流 10 V 挡标尺刻度？

1.8　若某数字万用表的最大显示值为 ±19 999，满量程计数值为 20 000，试判定该数字式万用表的显示位数。

1.9　若实际应用中需同时使用 −5 V 和 +5 V 电压，能否用 DPS−2020 稳压电源来提供？若能，应该怎样操作？绘制出电源接线示意图。

1.10　图 1.30 所示为并联控制型稳压电路原理图。输出电压 $U_o = 10$ V，现在将负载电阻 R_L 改为 15 Ω，电压下降了 8.5 V。为了使输出电压稳定在 10 V，电阻 R_W 应该改为多少？

1.11　图 1.31 所示为串联控制型稳压电路原理图。输出电压 $U_o = 8$ V，现在将输入电压 E 从 12 V 改为 15 V 时，为了使输出电压稳定 8 V，电阻 R_W 应该为多少？

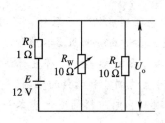

图 1.30　题 1.10 图

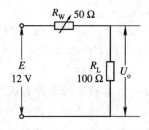

图 1.31　题 1.11 图

1.12　如图 1.32 所示，用和实训 1.1 相同的磁电系微安表头测量电阻，设 $E = 1.5$ V，若测量电阻范围为 0～1 kΩ，试确定电路中各器件参数值，并调试完成该测量电路。

1.13　如图 1.33 所示，若用与题 1.12 相同的磁电系微安表头测量交流电流，设测量电流范围分别为 0～1 mA、0～5 mA，试确定各器件的参数值，并调试完成该测量电路。

1.14　如图 1.34 所示，用与题 1.13 相同的磁电系微安表头测量交流电压，设测量电压范围分别为 0～5 V、0～10 V，试确定各器件参数，并完成该测量电路。

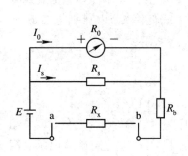

图 1.32　题 1.12 图

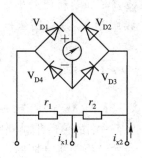

图 1.33　题 1.13 图

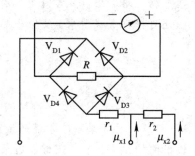

图 1.34　题 1.14 图

第 2 章　电容元件的识别、检测与应用

电容是电子电路中最基本的线性元件之一，具有储存电能的作用。本章将对电容器的种类结构及命名规则、性能指标、检测识别方法和应用等进行全面的介绍。测量中使用的示波器和音频信号发生器是电子测量中最常用的电子仪器，在此也一并进行介绍。

实训 2.1　积分、微分电路波形的观测

1. 实训目的

(1) 了解电容器在电子电路中的基本作用。

(2) 了解示波器、音频信号发生器的基本功能和使用方法。

(3) 提出进一步学习的问题，启发学生的思维。

2. 实训设备与器件

(1) 双踪示波器、音频信号发生器、万用表各 1 台。

(2) $0.01~\mu F$、$0.1~\mu F$、$1~\mu F$ 的电容器，$5.1~k\Omega$、$10~k\Omega$、$20~k\Omega$ 的电阻器各 1 只。

(3) 面包板 1 块，硬导线若干，常用工具 1 套。

3. 实训电路及说明

实训时，先将一组 R 和 C 元件插在面包板上组成图 2.1(a)或(b)所示的电路，然后按图 2.1(c)连接好线路，将信号发生器和示波器的各个旋钮调至正确位置，即可观测相应的波形。

4. 实验内容与步骤

(1) 观测 RC 电路输入矩形脉冲电压时的输出波形。

取 $R = 20~k\Omega$，$C = 0.01~\mu F$ 组成 RC 电路。调节信号发生器，使其输出幅值为 $U_o = 4~V$、频率为 $f = 500~Hz$ 的矩形脉冲电压信号，用示波器(注意：示波器 Y 轴输入选择开关置于 DC 位置)观察电路的输入电压 $u_i(t)$、电阻电压 $u_R(t)$ 和电容电压 $u_C(t)$ 的波形，并将 $u_i(t)$ 和 $u_C(t)$ 的波形绘在表 2 - 1 中。

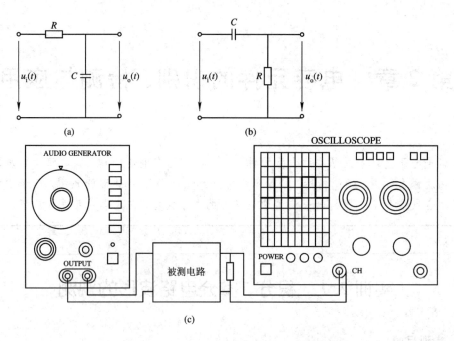

图 2.1 微分、积分电路波形观测示意图

（a）积分电路；（b）微分电路；（c）实训装置

表 2 - 1 *RC* 电路的波形观测

波形名称	参　数		波形图（自绘）
输入电压 $u_i(t)$	周期 T	ms	
	脉宽 τ_p	ms	
	幅值 U	V	
RC 电路过渡过程 电容电压 $u_C(t)$	R	20 kΩ	
	C	0.01 μF	
	τ	计算值　ms	
		实测值　ms	

（2）观测 RC 积分电路的输入、输出电压波形。

根据自拟的 RC 积分电路接线，将幅值为 4 V、频率为 500 Hz 的矩形脉冲电压接到电路的输入端上。用示波器（示波器 Y 轴输入开关置于 DC 位置）观察电路的输入电压 $u_i(t)$ 和输出电压 $u_o(t)$ 的波形，将波形绘在表 2 - 2 中。

改变电路参数，观察电路输出电压波形的变化。

（3）观测 RC 微分电路的输入、输出电压波形。

根据自拟的 RC 微分电路接线，在电路中接入上述同样的矩形脉冲电压时，用示波器观察其输出电压 $u_o(t)$ 的波形，并将波形绘在表 2 - 2 中。

改变电路参数，观察电路输出电压波形的变化。

表 2 - 2　积分、微分电路的波形观测

波形名称	参　数		波形图（自绘）
输入电压 $u_i(t)$	周期 T	ms	
	脉宽 τ_p	ms	
	幅值 U	V	
积分输出 $u_o(t)$	R	kΩ	
	C	μF	
	τ	ms	
微分输出 $u_o(t)$	R	kΩ	
	C	μF	
	τ	ms	

5．实训结果与分析

从上面的实训中，我们可以清楚地看到：

(1) 若 R、C 的参数选择适当，则电容充、放电的过程十分明显，波形也十分清楚；

(2) 选用不同的电路参数，电容器充电和放电过程的快慢是不一样的。因此，需要将示波器的扫描时间调至相应位置；

(3) 电压信号的幅度和周期都能定量地用示波器测量出来；

(4) 信号 u_i 必须选用一定幅度、一定频率的方波信号，不能选择正弦波信号，这通过调节信号发生器很容易办到。

上述第(1)、(2)点结论充分说明：电容器具有贮存电能的作用，充电时相当于电容器贮存电能，放电时相当于电容器释放电能。而且，随着电容量的不同，存贮的电量也不相同。下面我们将要深入地学习电容器的有关知识。

上述第(3)点结论正好说明了示波器具有显示信号波形的作用。示波器就是为了定量地观测电信号（电压或电流）而设计的一种电子测量仪器，它是一种最基本、最常用的电子仪器。第(3)点还说明了音频信号发生器的功能或作用。下面，我们将要对这两种电子仪器进行详细介绍，要求大家通过今后的反复练习能熟练地使用。

另外，第(2)点还说明了 RC 电路的暂态过程随着充、放电时间常数（$\tau = RC$）的变化而变化，这将在电路分析课程中进行详细讨论。

2.1　电容器及其应用

通过上述实训练习，我们对电容器有了一个初步的认识。实际上，电容器是由两个金属电极中间夹一层绝缘电介质构成的一种储能元件。它具有阻止直流电流通过、允许交流电流通过的特性。在电路中，电容器主要用作调谐、滤波、耦合、旁路和能量转换。下面我们将对电容器的种类、特点、命名规则、技术指标和检测识别方法等进行全面的介绍。

2.1.1 电容器的分类

电容器的种类很多，按照不同的分类标准可以分成不同的类型。下面我们介绍两种最常见的分类方法。

1. 按结构分类

按结构分，电容器主要有三种。

（1）固定电容器。固定电容器的电容量是固定不变的，也就是说，不可以进行调整。图2.2给出了几种常用固定电容器的外形和电路符号。

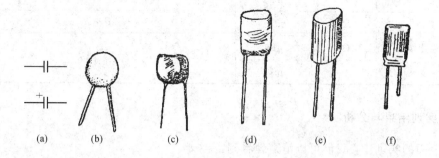

图 2.2 几种常用固定电容器的外形及符号
(a) 电容器符号（带"＋"号的为电解电容器）；(b) 瓷介电容器；(c) 云母电容器；
(d) 涤纶薄膜电容器；(e) 金属化纸介电容器；(f) 电解电容器

（2）可变电容器。可变电容器的电容量是可变的，可以在一定范围内连续调整，常有"单联"、"双联"可变电容器之分。它们一般由若干形状相同的金属片接成一组"定片"和一组"动片"，其外形及符号如图2.3所示。"动片"可以通过转轴转动，以改变其插入"定片"的面积，从而改变电容量。可变电容器一般以空气作介质，也有用有机薄膜作介质的。

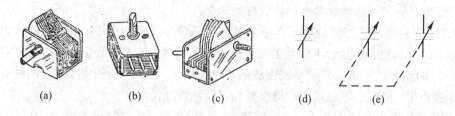

图 2.3 "单联"、"双联"可变电容器的外形及符号
(a) 空气"双联"；(b) 密封"双联"；(c) 空气"单联"；(d) "单联"符号；(e) "双联"符号

（3）半可变电容器。半可变电容器也叫微调电容器，电容量可在较小的范围内调整变化。其可变容量一般为十几到几十皮法，最高也可以达到一百皮法左右（以陶瓷为介质时）。它适用于整机调整后电容量不需要经常改变的场合。常见的以空气、云母或陶瓷作为介质的半可变电容器的外形和电路符号如图2.4所示。

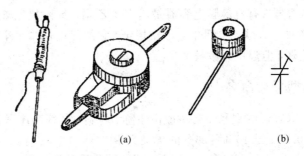

图 2.4　半可变电容器的外形及符号

（a）拉线、瓷介微调电容器的外形；（b）半可变电容器的符号

2. 按介质材料分类

按介质材料来分，电容器常常可以分为以下几种：

（1）电解电容器。电解电容器是以铝、钽、铌、钛等金属氧化膜作介质的电容器，应用最广的是铝电解电容器。铝电解电容器具有容量大、体积小、耐压高（由于耐压越高，体积也就越大，因此，电解电容器一般在 500 V 以下）的优点，常用作交流旁路和滤波。其缺点是容量误差大且随频率变动、绝缘电阻低。因此，在要求较高的地方常用钽、铌或钛电容器。它们比铝电解电容器的漏电流小、体积小，但成本较高。

电解电容器有正、负极之分。一般电容器的外壳为负端，另一接头为正端，在外壳上都标有"＋"、"－"记号；如无标记时，引线长的视为"＋"端，引线短的视为"－"端，使用时必须注意。若接反，电解作用会反向进行，氧化膜很快变薄，漏电流急剧增加；如果所加的直流电压过大，则电解电容器会很快发热，甚至会引起爆炸。

（2）云母电容器。云母电容器是以云母片作介质的电容器。其特点是高频性能稳定、损耗小、漏电流小、耐压高（几百到几千伏特），但其容量小（几十到几万皮法）。

（3）瓷介质电容器。瓷介质电容器是以高介电常数、低损耗的陶瓷材料为介质做成的电容器。其体积小、损耗小、温度系数小，可工作在超高频范围，但其耐压较低（一般为 60～70 V），容量较小（一般为 1～1000 pF）。为克服容量小的缺点，现在采用了铁电陶瓷和独石电容，它们的容量分别可达 680 pF～0.047 μF 和 0.01 μF 到几微法，但其温度系数大、损耗大、容量误差大。

（4）玻璃釉电容。玻璃釉电容是以玻璃釉作介质的电容器，它具有瓷介电容的优点，且体积比同容量的瓷介电容小，其容量范围为 4.7 pF～4 μF，其介电常数在很宽的频率范围内保持不变，使用温度可达 125℃。

（5）纸介电容器。纸介电容器的电极用铝箔或锡箔做成，绝缘介质采用浸蜡的纸，相叠后卷成圆柱体，外包防潮物质，有时外壳采用密封的铁壳以提高防潮性。大容量的纸介电容器常在铁壳里灌满电容器油或变压器油以提高耐压强度，被称为油浸纸介电容器。

纸介电容器的优点是在一定体积内可以得到较大的电容量，且结构简单，价格低廉。但介质损耗大，稳定性不高，主要用于低频电路的旁路和隔直。其容量一般为 100 pF～10 μF。新发展的纸介电容器用蒸发的方法使金属附着于纸上作为电极，体积大大缩小，称为金属化纸介电容器，其性能与纸介电容器相仿，但它有一个最大特点，就是被高电压击穿后有自愈功能，即电压恢复正常后仍能工作。

（6）有机薄膜电容器。有机薄膜电容器是用聚苯乙烯、聚四氯乙烯或涤纶等有机薄膜代替纸介质做成的各种电容器，与纸介电容器相比，它的优点是体积小、耐压高、损耗小、绝缘电阻大、稳定性好，但温度系数较大。

2.1.2 电容器的型号及命名

根据国家标准，电容器的型号命名一般由主称、材料、特征和序号四部分组成。例如，电容器 CJX－250－0.33－±10％各部分的含义为：

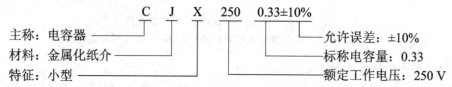

表 2-3 列出了电容器的型号命名规则，即各种类型的电容器的型号命名中各个部分的表示字母和含义。

表 2－3　电容器的型号命名规则

第一部分		第二部分		第三部分		第四部分
用字母表示主称		用字母表示材料		用字母表示特征		用字母或数字表示序号
符号	意　义	符号	意　义	符号	意　义	
C	电容器	C I O Y V Z J B F L S Q H D A G N T M E	瓷　介 玻璃釉 玻璃膜 云　母 云母纸 纸　介 金属化纸 聚苯乙烯 聚四氟乙烯 涤纶(聚酯) 聚碳酸酯 漆　膜 纸膜复合 铝电解 钽电解 金属电解 铌电解 钛电解 压　敏 其它材料电解	T W J X S D M Y C	铁　电 微　调 金属化 小　型 独　石 低　压 密　封 高　压 穿心式	包括品种、尺寸代号、温度特性、直流工作电压、标称值、允许误差、标准代号

根据具体情况，一般电容器上除了标有上述型号命名外，还标有标称容量、额定电压、精度和其他技术指标等。

2.1.3 电容器的主要性能指标

1. 电容量

电容量是指电容器加上一定的电压后贮存电荷的能力，其单位为法拉（F）、微法（μF）

和皮法(pF)等。皮法也称微微法,它们三者的关系为

$$1 \text{ pF} = 10^{-6} \mu\text{F} = 10^{-12} \text{ F}$$

2. 标称电容量

标称电容量是指标志在电容器上的"名义"电容量。我国固定式电容器标称系列为 E24、E12、E6 三种(电阻部分已介绍)。电解电容的标称容量参考系列为 1、1.5、2.2、3.3、4.7、6.8(以 μF 为单位)。

3. 允许误差

允许误差是指实际电容量对于标称电容量的最大允许偏差范围。固定电容器的允许误差如表 2 - 4 所示。

表 2 - 4　允许误差等级

级别	01	02	I	II	III	IV	V	VI
允许误差	±1%	±2%	±5%	±10%	±20%	+20%～-30%	+50%～-20%	+100%～-10%

4. 额定工作电压

额定工作电压是指电容器在规定的工作温度范围内,长期、可靠地工作所能承受的最高电压。常用固定式电容器的直流工作电压系列为 6.3、10、16、25、40、63、100、160、250 和 400(以 V 为单位)。

5. 绝缘电阻

绝缘电阻是指加在电容器上的直流电压与通过它的漏电流的比值。绝缘电阻一般应在 5000 MΩ 以上,优质电容器可达 TΩ(10^{12} Ω 称为太欧)级。

6. 介质损耗

理想的电容器应没有能量损耗,但实际上,电容器在电场的作用下总有一部分电能转换成为热能,这种损耗的能量称为电容器的损耗。它包括金属极板的损耗和介质损耗两部分,小功率电容器主要是介质损耗。

所谓介质损耗,是指介质缓慢极化和介质电导引起的损耗。通常用损耗功率和电容器的无功功率之比,即损耗角的正切值来表示:

$$\tan\delta = \frac{损耗功率}{无功功率}$$

在相同容量、相同工作条件下,损耗角越大,电容器的损耗也就越大。一般损耗角大的电容不适于在高频情况下工作。

2.1.4　电容器的识别方法

1. 直标法

电容器的标称容量数值有的直接标在电容器的表面上,表示方法与电阻器阻值的表示

方法基本一样，用英文词头 p(皮)、n(纳)、μ(微)、m(毫)和 F(法)表示，pF(10^{-12} F)、nF(10^{-9} F)、μF(10^{-6} F)、mF(10^{-3} F)和 F。例如，0.22 μ 表示 0.22 μF，510 p 表示 510 pF，33.2 n 表示 33.2 nF。

2. 数码法

一般用三位数字表示电容器的容量大小，单位为 pF。第一、第二位数表示容量的有效数值，第三位数字表示位率(即零的个数)，如果第三位数是 9，则乘 0.1。例如，223 表示 22000 pF，479 表示 4.7 pF。

3. 色标法

电容器的标称值、允许偏差用色环标出，其表示方法与电阻器的一样。此外，电容器的工作电压也可以用颜色表示，见表 2-5。电容器工作电压色标法只适用于小型电解电容，并且色点应标在正极引线的根部。

表 2-5　电容器工作电压色标法

颜色	黑	棕	红	橙	黄	绿	蓝	紫	灰
工作电压/V	4	6.3	10	16	25	32	42	50	63

2.1.5　电容器的简易测试

一般情况下，利用万用表的欧姆挡可以简单地测量出电解电容器质量的优劣，粗略地辨别其漏电、容量衰减或失效等情况。具体方法为：万用表选用"$R \times 1$ k"或"$R \times 100$"挡，将黑表笔接电容器的正极，红表笔接电容器的负极，若表针摆动大且返回慢，返回位置接近 ∞，说明该电容器正常，且电容量大；若表针摆动虽大，但返回时表针显示的 Ω 值较小，说明该电容漏电流较大；若表针摆动很大，接近于 0 Ω，且不返回，说明该电容器已击穿；若表针不摆动，则说明该电容器已开路，失效。

该方法也适用于辨别其他类型的电容器。但如果电容器容量较小，应选择万用表的"$R \times 10$ k"挡测量。另外，如果需要对电容器再一次测量，必须将其放电后才能进行。

对于容量较小的固定电容器，可借助一个外加直流电压(不能超过被测电容的工作电压，以免击穿)，把万用表调到相应直流电压挡，负表笔接直流电源负极，正表笔串联被测电容后再接电源的正极，根据表针摆动的情况判别电容器的质量，见表 2-6。

表 2-6　小容量固定电容器的质量判别方法

万用表表针摆动情况	小容量电容器质量
接通电源瞬间表针有较大摆幅，然后逐渐返回零点	良好，摆幅越大，容量越大
通电瞬间表针不摆动	电容失效或断路
表针一直指示电源电压而不摆动	短路(击穿)
表针摆动正常，不返回零点	指示电压数越高，漏电越大

如果要求更精确的测量，我们可以用交流电桥和 Q 表(谐振法)来测量，具体内容请参

考有关书籍。

2.2 示波器及其应用

从前面的实训中,我们也知道了示波器是一种可以定量观测电信号波形的电子仪器。由于它能够在屏幕上直接显示电信号的波形,因此人们形象地称之为"示波器"。如果我们将普通示波器的结构和功能稍加扩展,便可以方便地组成晶体图示仪、扫频仪和各种雷达设备等。若借助于相应的转换器,它还可以用来观测各种非电量,如温度、压力、流量、生物信号(能够转换成电信号的各种模拟量)等。

示波器的种类繁多,分类方法也各不相同。如按照示波管的不同来分,示波器可分为单线示波器和多线示波器;若按照其功能不同来分,示波器又可分为通用示波器和专用示波器两大类,矢量示波器、逻辑分析仪等都属于专用示波器;按显示方式不同也可分为单踪示波器、双踪示波器和多踪示波器。此外,示波器还有存贮示波器和非存贮示波器之分,存贮示波器还可以分为模拟存贮示波器和数字存贮示波器两种。现代的示波器正在朝着高带宽、高精度、高性能价格比和多通道、多功能、智能化的方向发展。下面,我们以通用示波器为例,介绍有关示波器的基本知识。

2.2.1 示波器的基本结构

1. 示波器的基本组成

虽然示波器的种类很多,但无论哪种类型的示波器,一般都包含有示波管、垂直通道(Y 放大器)、水平通道(X 放大器)、扫描发生器、触发同步电路和直流电源等六大基本组成部分,其基本结构方框图如图 2.5 所示。其中,Y 放大器及其附属电路构成了所谓的垂直(Y 轴)通道,而 X 放大器及其附属电路则构成了所谓的水平(X 轴)通道。Y 放大器和 X 放大器用于放大信号电压以提高偏转灵敏度,它们是 Y 通道和 X 通道的主要组成部分。

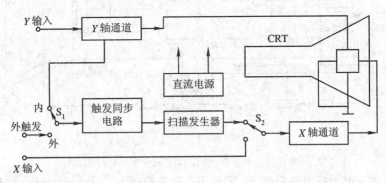

图 2.5 示波器的基本组成

Y 轴通道由输入电路、前后置放大电路和延迟线等组成,如图 2.6 所示,其主要作用是放大 Y 轴输入端输入的信号电压,以满足示波管的要求。它是被测信号的主要通道,要求通频带、增益及输入阻抗等指标尽量宽一些或高一些。其中,输入电路由探头、耦合方式选择开关 S、衰减器和阻抗变换倒相电路等组成,以适应不同类型、不同大小的输入信号。

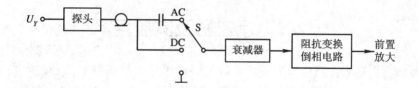

图 2.6　Y 通道输入电路的组成

X 轴通道和扫描电路、触发同步电路的主要任务是形成、控制和放大扫描锯齿波电压信号，使荧光屏稳定而准确地显示被测信号的波形，也可以直接放大从 X 输入端输入的信号。

扫描发生器用于产生锯齿波电压，经 X 放大器加到示波管（CRT）的垂直（X）偏转板上，使电子束形成水平扫描。当不需要扫描（例如，要观测 Y 输入和 X 输入两个信号的函数关系）时，可将图 2.5 中的开关 S_2 转换到 X 输入端，放大从 X 轴输入的信号。触发同步电路的作用是使波形稳定。图 2.5 中的开关 S_1 为触发源选择开关，当由被测信号实现同步时，S_1 置于"内"处；当需外接同步信号时，S_1 置于"外"处。

示波管是示波器的核心部件，用于显示电压信号的波形，它是一种阴极射线管，下面对它进行专门介绍。

2. 示波管的基本结构

普通示波管主要由电子枪、偏转系统和荧光屏三个部分组成，并密封在一个真空玻璃壳内。其作用是把电信号变成发光的图像，其基本结构如图 2.7 所示。

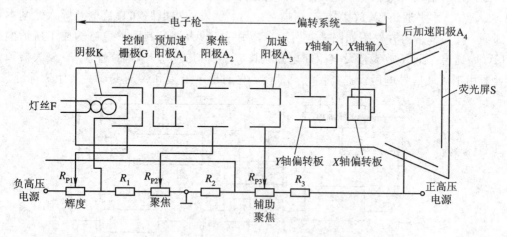

图 2.7　示波管结构及其供电电路示意图

（1）电子枪。电子枪包括灯丝 F、阴极 K、控制栅极 G、预加速阳极 A_1、聚焦阳极 A_2 和加速阳极 A_3 等组成部分。其任务是发射电子，并形成很细的高速电子束以轰击荧光屏发光。

灯丝的作用是加热阴极，使阴极 K 发射电子。其发射电子的密度受相对于阴极为负电位（约 $-30\sim-50$ V）的控制栅极 G 的控制。显然，调节电位器 R_{P1}（即"辉度"调节旋钮）能改变栅极对阴极的电位差，也就控制了射向荧光屏的电子流密度，从而改变光亮点的亮度。如果用外加信号控制栅与阴极间的电压，则可使亮点辉度随外接信号的强弱而变化，这种工作方式称为辉度调制。

阳极 A_1、A_2、A_3 都是与阴极同轴的金属圆筒，通常三个阳极的电位中，A_1 与 A_3 等电位，A_2 的电位高于 A_1 的，而 A_1 上的电位高于 K 的。这样，一方面能对阴极发射出的电子加速，另一方面，A_1、A_2 又形成了一个电子透镜，能对电子束进行聚焦。若改变 A_1 的电压(调节 R_{P2})就可以改变聚焦的情况，R_{P2} 称为聚焦调节。A_3 的作用是使电子再度加速及吸收荧光粉的第二次发射电子。

(2) 偏转系统。偏转系统是一个静电偏转系统，由水平(Y)偏转板和垂直(X)偏转板组成。若在两对偏转板之间加上一定的电压，则两偏转板间将形成一个静电场，当电子束进入偏转板间，就受到垂直于电子运动方向的电场力的作用，电子束的运动轨迹将偏离轴线方向。因此，只要适当调节加在 X、Y 偏转板上的电压值，荧光屏上的亮点就可以到达屏面上任一位置。

(3) 荧光屏。荧光屏的内表面上涂有一层荧光粉，它是非导体。当电子束轰击荧光粉时便能激发产生光点。不同成分的荧光粉发光颜色不同。一般示波管选用人眼最为敏感的黄绿色。荧光粉从激发停止时的瞬间亮度下降到该亮度的 10% 所经过的时间称为余辉时间。荧光粉的成分不同，其余辉时间也不同。为了适应不同的需要，一般可分为长余辉(100 ms～1 s)、中余辉(10～100 ms)、短余辉(10 μs～10 ms)等不同规格的示波管。一般通用示波器使用中余辉的示波管，慢扫描示波器则使用长余辉的示波管。

总之，阴极发射出的电子流经控制栅极限流和第一阳极与第二阳极加速，聚焦形成很细且具有一定能量的电子束，打到荧光屏上激发荧光物质发光，并通过控制加在两对偏转板上的电压来控制光点的轨迹，从而显示出相应的波形。

通过学习示波器的基本组成和示波管的基本结构，我们对示波器已经有了一个初步的认识。为了更好地理解和掌握示波器的使用，下面将进一步讨论示波器显示波形的原理。

2.2.2　示波器显示波形的原理

1. 波形的显示

如果在示波管的垂直偏转板和水平偏转板上加上不同的电压 u_X 和 u_Y，则电子束将作不同的偏转，示波器的荧光屏上将会显示不同的波形。其具体情况如下：

(1) 若两对偏转板上不加任何信号(即 $u_X=0$，$u_Y=0$)，或两对偏转板分别为等电位，则光点出现在荧光屏的中心位置，不产生任何偏转。

(2) 若水平偏转板加正弦电压，而垂直偏转板不加电压(即 $u_Y=U_m \sin \omega t$，$u_X=0$)，则光点沿垂直方向随 u_Y 的变化而偏转。光点的轨迹为一条垂直线，其长度正比于 u_Y 的峰峰值($2u_m$)，如图 2.8(a)所示。

反之，若 $u_Y=0$，$u_X=U_m \sin \omega$ 则荧光屏上显示一条水平线。

(3) 如果 $u_Y=u_X=U_m \sin \omega t$，则电子束同时受到两对偏转板电场力的作用，光点沿 X 轴和 Y 轴的合成方向运动，其轨迹为一斜线，如图 2.8(b)所示。

(4) 若 $u_Y=U_m \sin \omega t$，u_X 为一个与 u_Y 相同周期的理想锯齿波电压($T_X=T_Y$)，则在荧光屏上可真实地显示出 u_Y 的波形，如图 2.8(c)所示。

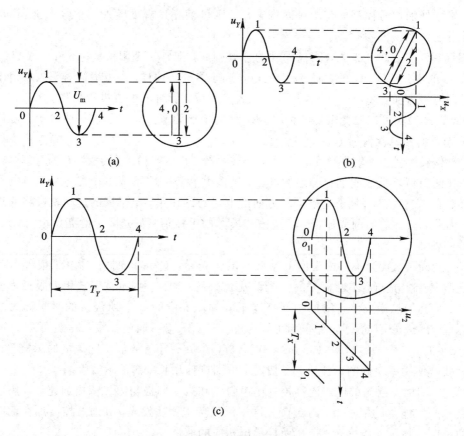

图 2.8　荧光屏上显示波形情况

（a）$u_Y = U_m \sin\omega t$，$u_X = 0$；（b）$u_Y = u_X = U_m \sin\omega t$；（c）当 $u_Y = U_m \sin\omega t$，u_X 为理想锯齿波电压

由图 2.8(c)可知，在垂直(X)偏转板上加上理想的锯齿波电压u_X，其正程(从 0 点至 4 点)是一个随时间作线性变化的电压($u_X = Kt$)，而它的回程时间(从 4 点到 o_1 点)则为零。这样使荧光屏的 X 轴就转换成了时间轴。因此，当 $u_Y = 0$ 且仅在 X 轴加上理想的锯齿波电压时，荧光屏上将显示一条水平线(这个过程称为扫描)；而当 $u_Y = U_m \sin\omega t$，$u_X = Kt$ 时，则有$u_Y = U_m \sin(\omega u_X / K)$，荧光屏上亮点的轨迹正好是一条与 u_Y 相同的正弦波曲线。

可见，如果在示波器水平(Y)偏转板上加上被测信号电压，而在垂直(X)偏转板上加上理想的锯齿波扫描电压，则荧光屏上将显示出被测信号的波形。

2．同步概念

前面讨论的是 $T_X = T_Y$ 的情况。如果 $T_X = 2T_Y$，也可以在荧光屏上稳定地观察到两个周期的被测信号的电压波形，如图 2.9 所示。

若 T_X 不等于 T_Y 的整数倍，荧光屏上显示的波形将不稳定。图 2.10 所示为 $T_X = 7T_Y/8$ 的情况，可见，第一个扫描周期显示出 0～4 点间的曲线(正程)，并在 4 点迅速跳到 4'点(回程)；第二个扫描周期，显示出 4'～8 点间的曲线；第三个扫描周期显示出 8'～11 点间的曲线。三次显示的波形并不重叠，这样，荧光屏上显示的波形好像是在向右跑动一样。

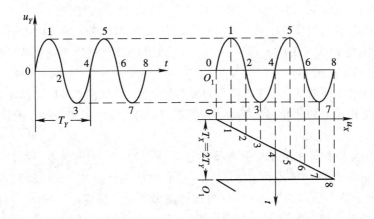

图 2.9　$T_X=2T_Y$ 时荧光屏上显示的波形

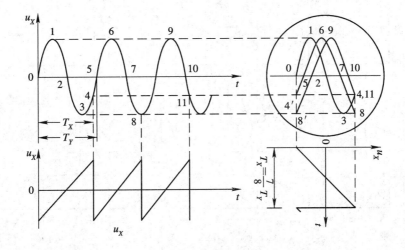

图 2.10　$T_X=7T_Y/8$ 时荧光屏上显示的波形

同理，当 $T_X=9T_Y/8$ 时，荧光屏上显示的波形好像是在向左跑动。显然，这种不稳定的显示不利于对波形的观察和测量。

为了在荧光屏上显示稳定的波形图像，T_X 和 T_Y 必须成整数倍关系，即 $T_X=nT_Y$（n 为正整数）。只有这样，才能保证每次扫描的起始点都对应在信号电压 u_Y 的相同相位点上。在示波器中，通常利用被测信号 u_Y（或用与 u_Y 相关的其它信号）去控制扫描电压发生器。迫使 $T_X=nT_Y$ 的过程称为"同步"。

3. 连续扫描与触发扫描

当扫描电压为周期性锯齿波电压时，即使没有外加信号，荧光屏上也能显示出一条时基线。这样的扫描称为连续扫描，前面介绍过的扫描即为连续扫描。只有在外加输入信号（触发信号）的作用下，扫描发生器才工作，荧光屏上才有时基线，而无触发信号时，荧光屏上只显示一个亮点的扫描，称为触发扫描。

触发扫描不仅可用于观察连续信号波形，而且也适用于观测脉冲信号波形，特别是持续时间与重复周期比（t_p/T_Y）很小的脉冲波。例如，观测一个脉宽 $t_p=10$ μs、周期 $T_Y=$

$500\ \mu s$ 的窄脉冲信号,若采用连续扫描,只能采用以下两种方法:

(1) 使扫描电压周期 T_X 等于被测信号周期 T_Y。若时基线长度为 10 cm,则脉冲波形在水平方向所占宽度 $X_1 = 10 \times t_p/T_Y = 0.2$ cm,即图像被"挤成"一条竖线,难以看清波形的细节,如图 2.11(a)所示。

(2) 使扫描电压周期 T_X 等于被测信号 u_Y 的脉宽 t_p,如图 2.11(b)所示。这时波形虽可以展开,但荧光屏上的脉冲部分暗淡,而图像底部横线却非常明亮(被测信号 u_Y 原无此横线)。

显然,采用连续扫描来显示窄脉冲波形是不合适的。若采用触发扫描,便能有效地解决上述问题,如图 2.11(c)所示。由图可知,只有 AB 段有扫描,BC 段停扫,取扫描周期 T_X 等于或稍大于被测信号的脉宽 t_p,既可以将波形展开又没有底部横线。同时,如采取在扫描期间给示波管栅极施加一个与扫描电压 u_X 底部同宽的正脉冲增辉,还可以解决波形加亮的问题。

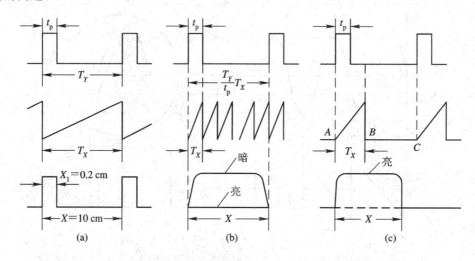

图 2.11　连续扫描和触发扫描观测电脉冲的比较

(a) 连续扫描且 $T_X = T_Y$; (b) 连续扫描且 $T_X = t_p$; (c) 触发扫描且 T_X 稍大于 t_p

2.2.3　示波器面板上的开关和旋钮

虽然示波器的类型很多,但除了在性能指标上有或大或小的差异外,其使用方法大同小异,因此,我们学习的核心是要能正确地操作其面板上的诸多开关和旋钮。为了较好地使用示波器,这里介绍一下各种示波器前面板上常见的开关和旋钮。

1. 电源与示波管部分

(1) 电源开关和指示灯;

(2) 辉度(🔆)旋钮:用来调节荧光屏上波形的亮度;

(3) 聚焦(•)及辅助聚焦(○)旋钮:两者配合可以调节光点的聚焦,使光点直径一般不大于 1 mm;

(4) 亮度旋钮:用来调节荧光屏前坐标刻度片的照明亮度;

(5) 寻迹按键:当使用过程中出现光迹消失或找不到位置时,按下此键能使光迹暂时回到屏幕上来，以方便使用者判断光迹偏离的方位。按下此键，实际上是降低了 X 轴和 Y 轴的放大量，同时使扫描电路处于自激状态；

（6）校准信号输出插座：如输出 1 kHz、50 mV 的校正方波，可以用来校正 Y 轴的输入灵敏度和 X 轴的扫描速度。

2. 垂直（Y 轴）通道部分

（1）Y 轴输入插座：用来从 Y 轴输入被测信号，一般通过一根带有探头的电缆连接。注意其最大输入电压的限制。

（2）Y 轴移位旋钮。

（3）Y 轴灵敏度选择（V/DIV）开关及微调旋钮：测量时可根据被测信号的电压幅度选择适当的挡级，使荧光屏上显示的波形幅度适当。V/DIV 的数字表示荧光屏上垂直方向每格距离代表的电压值。灵敏度选择一般分为 10 挡，按 1、2、5 进制分挡，如从 0.01 V/DIV 到 5 V/DIV 有 0.01、0.02、0.05、0.1、0.2、0.5、1、2、5 九挡。微调旋钮一般套于灵敏度选择（V/DIV）开关上，用于在各挡之间微调 Y 轴电压幅度。

（4）显示方式开关：一般双踪示波器的单踪显示有 Y1、Y2；双踪显示有交替、断续、Y1＋Y2 等几种方式。

（5）极性开关：用于控制 Y2 通道信号在荧光屏上显示波形相位的"＋"或"－"，或与显示方式开关配合显示 Y1＋Y2 或 Y1－Y2。一般多为推拉式开关。

（6）耦合方式（AC、DC、⊥）选择开关：可根据输入信号的类型选择交流耦合（AC）、直流耦合（AD）或接地（⊥）。

（7）Y 轴直流平衡电位器旋钮：使 Y 轴通道的直流电平保持平衡状态。如果不平衡，屏幕的光点或波形将随 V/DIV 开关不同挡级的转换和微调旋钮的转动出现垂直方向的位移，调节它可使这种位移减到最小。一般要用小螺丝刀调节，调节好后就不再改变。

3. 水平（X 轴）通道与扫描部分

（1）扫描速度选择（T/DIV）开关：一般从 0.2 μs/div 至 1 s/div 按 1、2、5 进制分 20 挡，可根据被测信号的频率高低或速度快慢选择适当的挡级，方便对波形进行观测。T/DIV 的数字代表屏幕上水平方向每格代表的时间值。

（2）扫描速度微调旋钮：用于各挡扫描速度选择之间的微调。一般套于 T/DIV 开关之上。

（3）扫描校正电位器：借助机内的 1 kHz 校正方波对扫描速度进行校正。

（4）扫描扩展开关：它可以使扫描标称值扩展 10 倍，一般是采用按拉式开关。

（5）X 轴移位旋钮。

4. 触发同步电路部分

（1）触发源选择（内＋、内－、外）开关："内＋"、"内－"取自示波器内部 Y 通道的被测信号。"外"来自"外触发式输入，X 外接"插座的触发信号。

（2）外触发式输入，X 外接插座：此旋钮有两个作用，一是供接入外触发信号用，外触发信号与被测信号具有相应的时间关系；二是作 X 轴输入端用，一般外接信号应小于12 V

（指直流电压加交流峰峰值电压）。

（3）触发电平旋钮：用以调节触发信号的电平大小，从而决定扫描锯齿波信号从哪一点上被触发，或者说是调节开始扫描的时间。

（4）触发耦合方式（AC、AC(H)、DC）开关：AC 挡与 DC 挡分别是交、直流耦合状态，AC(H)抑制了低频噪音信号的交流耦合状态。

（5）触发方式选择（高频、常态、自动）开关："高频"触发是示波器内部产生的 200 kHz 的自激信号与被测信号同步；"常态"为通常触发方式；"自动"观察波形时，不必调整电平旋钮，它有利于观测低频信号。

（6）触发极性（＋、－）开关：用以决定触发信号是从被测信号波形的上半部还是下半部开始扫描。

（7）稳定度电位器：用以改变扫描电路的工作状态，一般应是示波器处于待触发状态。具体调整方法为：先将 Y 轴输入耦合方式置于"⊥"，将 V/DIV 开关置于最高灵敏度，用小螺丝刀将此电位器顺时针旋到底，使扫描电路处于自激扫描状态，此时，屏幕上会出现一条扫描线。然后，再将电位器逆时针慢慢旋转使扫描线刚好消失，此时扫描电路处于待触发状态。在此状态下使用示波器，只需调节电平旋钮，即能在屏幕上获得稳定的波形，并能随意调节选择屏幕上波形的起点。

此外，示波器的后面板上还有电源插座等插口，有的高挡示波器在上机盖的合适位置还留有打印机的出纸口，面板上还设置有软盘驱动器插口等。

如图 2.12 所示，我们给出了岩崎（IWATSU）SS－7802 数字示波器的前面板图。下面列出其英文旋钮的中文名称，方便使用者对照。岩崎（IWATSU）SS－7806(/7810/7811)的面板也基本一样，只是增加了一些辅助功能（如存储功能），具体请参考其使用说明书。

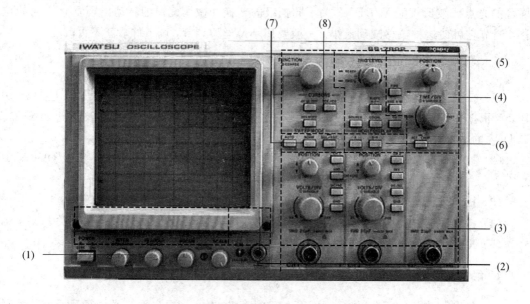

图 2.12　SS－7802 数字示波器前面板图

（1）电源与示波管。

POWER：　　　　　　　　电源开关

INTEN：　　　　　　　　扫描亮度

READOUT：　　　　　　　文字显示亮度

FOCUS：　　　　　　　　聚焦

SCALE：　　　　　　　　刻度亮度

TRACEROTATION：　　　扫描

(2) 校准电压及接地端口。

CAL：　　　　　　　　　标准方波输出连接器

⊥　　　　　　　　　　　(接地)连接器

(3) 垂直通道。

CH1、CH2 插口：　　　　输入连接器

VOLTS/DIV：　　　　　　电压灵敏度选择

POSITOIN：　　　　　　垂直位置移动

DC/AC/GND：　　　　　　输入耦合(CH1，CH2)选择

CH1、CH2 按钮：　　　　通道选择

ADD：　　　　　　　　　通道 1(CH1)加通道 2(CH2)

INV：　　　　　　　　　通道 2(CH2)信号反相

(4) 水平通道。

TME/DIV：　　　　　　　扫描速度选择

POSITION FINE：　　　　水平位置移动及微调

MAG×10：　　　　　　　水平扫描放大十倍

ALTCHOP：　　　　　　　交替(ALT)或继续(CHOP)扫描方式选择

BW 20MHZ：　　　　　　频宽限制

(5) 触发部分。

TRIG LEVEL：　　　　　触发电平调整

SLOPE：　　　　　　　　触发沿(＋、－)选择

SOURCE：　　　　　　　触发信号源(CH1，CH2 或 LINE)选择

COUPL：　　　　　　　　触发耦合模式(AC，DC，HF REJ 或 LF REJ)选择

TV：　　　　　　　　　视频信号触发(BOTH、ODD、EVEN 或 TV－M)选择

TRIGD　　　　　　　　　触发指示灯

READY　　　　　　　　　等待触发指示灯

(6) 水平显示(启示模式)。

A、X－Y：　　　　　　　模式选择

(7) 扫描模式。

AUTO，NORM：　　　　　重复扫描选择

SGL/RST：　　　　　　　单次扫描选择

(8) 功能旋钮、自动设定。

AUTO SET：　　　　　　自动设定键

FUNCTION：　　　　　　可用此钮设定延迟时间、光标位置等。旋转此钮作微调

　　　　　　　　　　　　之用，粗调可单次或连续按下此钮，而光标移动方向为

之前此钮转动的方向

（9）辅助光标。

ΔV/ΔT/OFF：　　　　　 电压变化测量/时间变化测量/关闭测量选择

TCK/C2：　　　　　　　 光标移动形式（C2 或 TRACKING）选择

SAVE/RECALL：　　　　 储存或重取选择

HOLDOFF：　　　　　　 休止时间选择

DELAY/TRACE SEP：　　 延迟选择

此外，后面板上还有两个重要的插口：交流电源输入和保险丝。

2.2.4　示波器的基本应用与使用方法

利用电子示波器，我们可以对电压、时间、频率和相位差等多种物理量进行定量的观察和测量。下面结合这些基本应用来介绍示波器的基本操作和使用方法。

1. 电压的测量

电子示波器可以用来测量直流、交流电压的幅值和瞬时值以及脉冲电压的上冲量、平顶和降落等。与普通电压表相比，电子示波器具有形象、直观的优点。但是，由于视差和固有误差等因素的影响，利用示波器进行测量也存在准确度不高的缺点。

1）直流电压的测量

测量直流电压时，示波器的 Y 通道应采用直接耦合输入方式。如果示波器的下限频率不为零，则不能用于测量直流电压。测量前，还必须校准 Y 轴灵敏度，并将其微调旋钮旋至"校准"位置。具体测量步骤如下：

（1）将 Y 轴输入耦合选择开关置于"⊥"，采用自动触发扫描，使荧光屏上显示一条扫描基线。根据被测电压极性调节 Y 轴位移旋钮，使扫描基线处于某一特定位置作为 0 V 电压基准线；

（2）将 Y 轴输入耦合选择开关置于"DC"位置；

（3）将被测信号经衰减探头（或直接）接入示波器 Y 轴输入端，调节 Y 轴灵敏度（V/cm）开关，使扫描线有较大的偏移量，如图 2.13 所示。

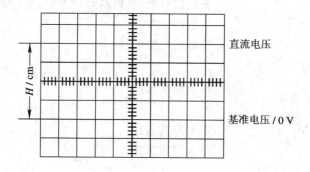

图 2.13　直流电压的测量

（4）从屏幕上读出直流电压值。若荧光屏上显示的直流电压的坐标刻度为 H(cm)，示

波器的 Y 轴灵敏度为 $S_Y=0.2\ V/cm$，Y 轴探头衰减系数 $K=10$（即用 $10:1$ 的衰减探头），则被测直流电压为

$$U_X=H\cdot S_Y\cdot K=H\times0.2\times10=2H(V)$$

2）交流电压的测量

一般采用直接测量峰峰值 U_{Xpp} 的方法测量交流电压。其具体测量步骤与直流电压的测量基本相同，区别在于 Y 轴输入耦合选择开关应该置于"AC"位置，$0\ V$ 的基准线调到中间位置，如图 2.14 所示。若荧光屏上显示的信号波形的峰峰值坐标刻度为 $A(cm)$，示波器的 Y 轴灵敏度为 $S_Y=0.1\ V/cm$，Y 轴探头衰减系数 $K=10$，则被测信号电压的峰峰值为

$$U_{Xpp}=0.1\times A\times10=A(V)$$

如果被测信号为正弦信号，则其有效值 U_X 为

$$U_X=\frac{U_{Xpp}}{2\sqrt2}=\frac{1}{2\sqrt2}A(V)$$

3）瞬时电压值的测量

若待测信号中含有直流分量和交流分量，用示波器测量某特定点瞬时电压值的方法和直流电压的测量方法相同。设待测点为 R，其瞬时电压值为 u_R，如图 2.15 所示，则：

$$u_R=B\cdot S_Y\cdot K$$

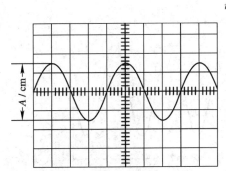

图 2.14　直接测量 U_{Xpp} 值

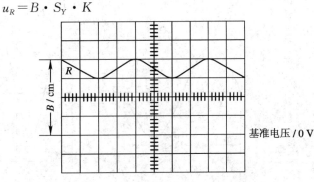

图 2.15　瞬时电压值的测量

实际上，上述方法属于直接测量法。它只有在示波器面板上标出了 Y 轴灵敏度（而且经校准）后才能进行。用示波器测量电压还可以采用比较的方法，其具体步骤为：

（1）按直接测量法在荧光屏上显示出被测电压波形（如图 2.16 中的锯齿波），调整 Y 轴灵敏度（或 Y 轴增益）旋钮使波形的峰峰值达到适当的数值；

（2）保持 Y 轴灵敏度（或 Y 轴增益）不变，将 Y 轴输入信号换成比较信号（或 $1\ kHz$、$0.6\ V$ 的标准方波），调节扫描时间

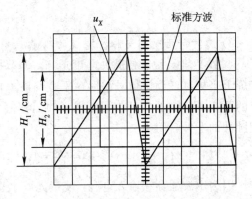

图 2.16　用比较法测量电压

"t/cm"，使标准信号波形稳定地显示在荧光屏上（图 2.16 中的方波）。

（3）若标准方波电压的峰峰值为 U_{2pp}，则被测信号电压的峰峰值为

$$U_{X_{pp}} = \frac{H_1}{H_2} \times U_{2pp}$$

2. 时间的测量

在这里仅介绍经常遇到的周期、脉冲上升时间和时间间隔等的测量方法。

1) 周期的测量

(1) 测量前先对示波器的扫描速度进行校准。具体做法是：在未接入被测信号时，先将扫描微调置于校准位置，再用仪器本身的校准信号对扫描速度进行校准；

(2) 接入被测信号，将图形移至荧光屏中心，调节 Y 轴灵敏度和 X 轴扫描速度，使波形的高度和宽度合适，如图 2.17(a)所示；

(3) 读出信号的周期 T。设扫描速度 $t = 10$ ms/cm，扩展倍数 $K = 5$，则

$$T = \frac{Xt}{K} = 1 \times 10 \div 5 = 2 \text{ ms}$$

为了减少读数误差，也可采用图 2.17(b)所示的多周期法进行测量。设 N 为周期数，则被测信号的周期为

$$T = \frac{Xt}{KN}$$

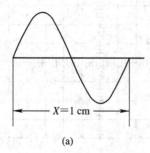 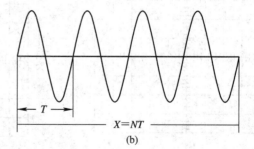

图 2.17　周期的测量

(a) 单周期法；(b) 多周期法

2) 脉冲前沿时间与脉冲宽度的测量

调节 Y 轴灵敏度使脉冲幅度适当，调节扫描速度(t/cm)使脉冲前沿展开一些，根据荧光屏上坐标刻度读出信号波形在垂直幅度方向的 10％与 90％两位置之间的时间间隔所对应的距离 X，如图 2.18 所示。若 t 的标称值为 0.1 μs/cm，$X = 1.5$ cm，扩展倍数 $K = 5$，则脉冲的上升时间为

$$t_r = \frac{Xt}{K} = 1.5 \times 0.1 \div 5 = 0.03 \ \mu\text{s}$$

因为示波器存在输入电容，使荧光屏上显示的上升时间比信号的实际上升时间要大一些。若考虑到示波器本身的固有上升时间 t_{r0} 的影响，则信号的实际上升时间为

$$t_{rx}^2 = t_r^2 - t_{r0}^2$$

如果 $t_r \gg t_{r0}$，则 $t_{rx} = t_r$。

脉冲宽度是指脉冲前、后沿与 $0.5U_m$ 线的两个交点之间的时间间隔 t_p，假设它在示波

器的荧光屏上对应的长度为 X(cm)，由图 2.19 可得

$$t_p = \frac{Xt}{K}$$

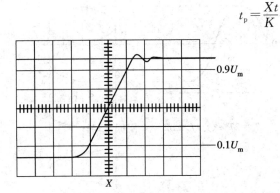

图 2.18　脉冲上升时间的测量

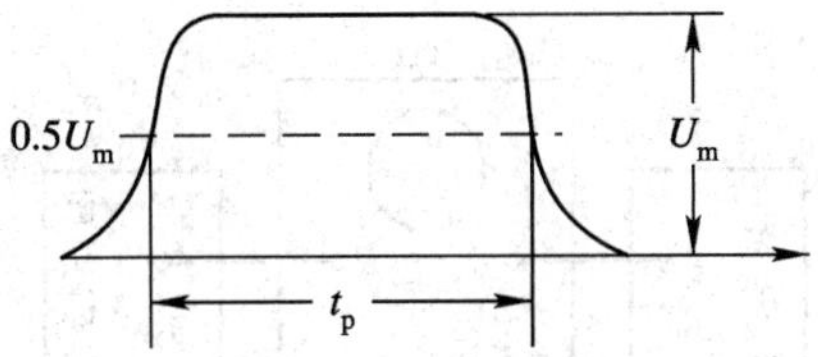

图 2.19　脉冲宽度的测量

3）脉冲时间间隔的测量

按图 2.20(a)接线，在荧光屏上显示出 u_1 的波形，记下图 2.20(b)中 t_1 时刻的位置。然后将 S 指向 2，使 Y 轴输入 u_2，再记下 u_2 波形的相同时刻的位置 t_2，则所测的时间间隔为

$$t_d = t_2 - t_1 = \frac{Xt}{K}$$

利用双踪示波器测量脉冲时间间隔将更加简便易行。

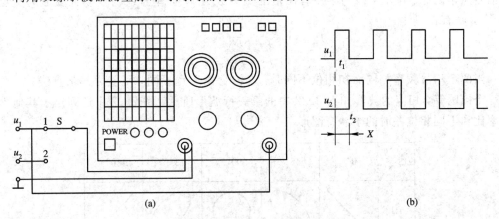

图 2.20　用单踪示波器测量脉冲时间间隔示意图

(a) 接线示意图；(b) 波形

3. 频率的测量

在无专门的频率测量仪器的情况下，利用示波器测量周期性信号的频率简单而又灵活。其具体方法有两种：

（1）测周期法确定频率。由于信号的频率为其周期的倒数，因此可用前述方法先测出信号的周期，然后再换算为频率。

（2）用李沙育图形测量频率。将被测信号接入 Y 通道，断开机内扫描信号，将已知、频率可调的标准信号接入 X 通道，如图 2.21(a)所示。当调节标准信号发生器的频率 f_X 使 $f_Y : f_X = 1 : 2$ 时，示波器显示的波形如图 2.21(b)所示，为某一李沙育图形。

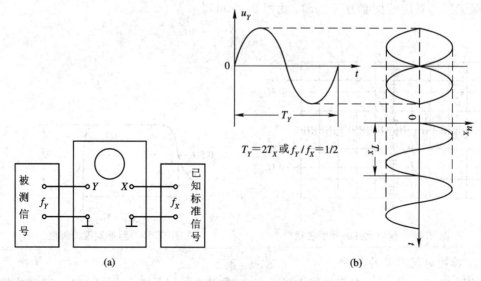

图 2.21　用李沙育图形测量频率

（a）接线图；（b）显示波形及原理

当 f_Y 与 f_X 之比不同时，李沙育图形的形状也不相同。若在荧光屏上作相互垂直的两条直线 X 和 Y，则这两条直线与李沙育图形相切，他们与李沙育图形的交点数目之比就是两信号频率之比。设水平线与李沙育图形的交点数为 N_X，垂直线与李沙育图形的交点数为 N_Y，则有：

$$\frac{f_X}{f_Y} = \frac{N_Y}{N_X}$$

当两个信号频率相同而初相位不同时，李沙育图形也不同，可能为一条直线、一个圆或一个椭圆等，相应的波形如图 2.22 中的第一行波形所示。图 2.22 中还列出了其他不同频率比和不同相位差时的李沙育图形。

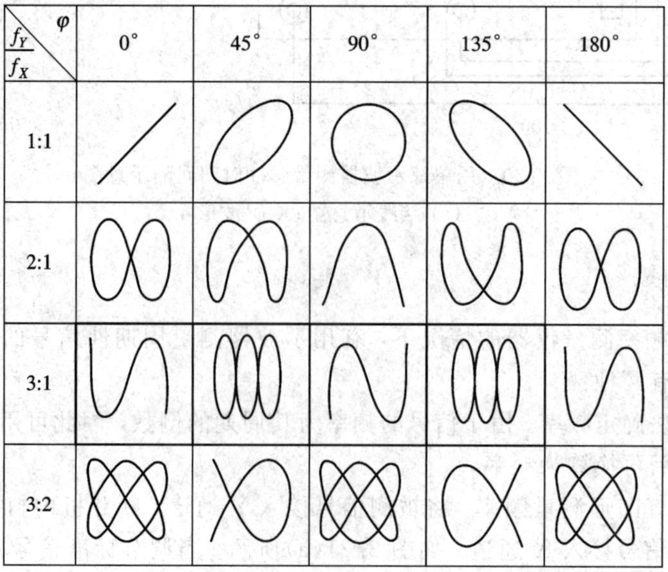

$\dfrac{f_Y}{f_X}$ ＼ φ	0°	45°	90°	135°	180°
1:1					
2:1					
3:1					
3:2					

图 2.22　不同频率比和相位差的李沙育图形

4. 相位的测量

相位的测量通常是指两个相同频率的信号之间相位差的测量。在电子技术中，主要应用于测量 RC 网络、LC 网络、放大器和依靠信号相位传递信息的电子设备等的相频特性。就脉冲信号而言，只有同相和反相两种情况，一般不用相位来描述，而用时间关系来说明。

相位测量的方法一般有多种，下面介绍线性扫描法和椭圆法。

（1）线性扫描法。利用示波器的多波形显示可以最直观、最简便地测量信号间的相位差。这里重点介绍用单踪示波器进行测量的具体步骤：

① 首先将触发源选择开关置于"外"位置，用 1（或 2）作外触发信号，从触发输入端引入。

② 将 S 置于"1"。把 u_1 送入 Y 输入端，荧光屏上显示出 u_1 的波形，如图 2.23 所示，记下波形的 A、C 点的位置。

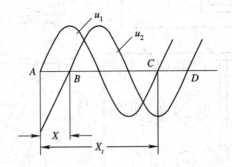

图 2.23 被测信号在荧光屏上显示的波形

③ 将 S 置于"2"，把 u_2 送入 Y 输入端，荧光屏上显示出 u_2 的波形，如图 2.23 所示，再记下 B、D 点的位置。

④ 考虑到 $AC = X_t$ 相当于相位角 360°，则由图 2.23 可算出两个正弦信号 u_1、u_2 间的相位差为：

$$\varphi = \frac{X}{X_t} \times 360$$

下面我们来回答一个问题：为什么用单踪示波器测量相位时需要采用外同步？

假设频率相同的两个正弦波信号分别为 $u_1 = U_{m1} \sin\omega t$ 和 $u_2 = U_{m2}\sin(\omega t - \varphi)$，其波形及相位关系如图 2.24（a）所示。

现在将 u_1、u_2 分别接入如图 2.24（f）或（g）所示的单踪示波器的 Y 轴输入端（为了简便起见，画图时设 u_1、u_2 的幅值相等）。假设启动扫描电路所需的触发电平为 u_F，当以 u_1 作触发同步信号时，锯齿波电压（u_{X1}）在 $t = t_1$ 时刻开始扫描正程。若用 u_2 作触发同步信号的锯齿波电压（u_{X2}），则在 $t = t_2$ 时刻开始扫描正程。因此，如果用 u_1 作外同步信号，由图（f）中的触发输入端引入，即观测 u_1、u_2 时都用 u_1 作同步信号，这样，当 Y 输入 u_1 时，在荧光屏上显示出 u_1 的 AC 段（不考虑 Y 通道延时环节的延时作用）；当 Y 轴输入 u_2 时，在荧光屏上显示出 u_2 的 FE 段，如图 2.24（d）所示。

反之，若采用内同步。即 Y 轴输入 u_1 时，用 u_1 同步；Y 轴输入 u_2 时，用 u_2 同步。见图 2.24（g），则在荧光屏上显示的 u_1、u_2 波形分别为如图 2.24（e）中的 AC 段和 BD 段。

由图 2.24(d)、(e)可知,采用两种不同的同步方法,荧光屏上显示的波形相位关系完全不同。显然,只有采用外同步获得的图 2.24(d)的波形才真实地反映了 u_1、u_2 间的相位关系。

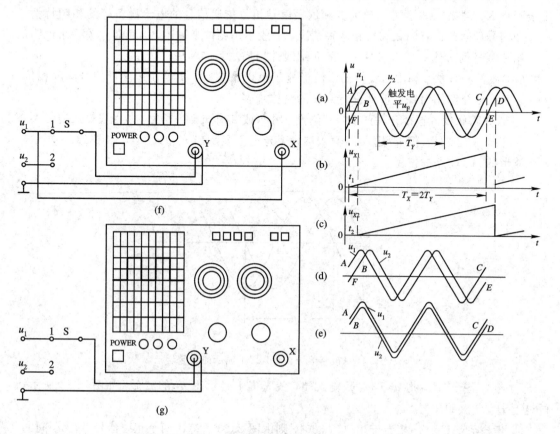

图 2.24　用内外同步测量相位关系的示意图

（a）被测信号波形；（b）用 u_1 作同步信号产生的锯齿波电压；（c）用 u_2 作同步信号产生的锯齿波电压；

（d）用 u_1 作外同步信号时荧光屏上分别显示的 u_1、u_2 的波形；

（e）用内同步时荧光屏上分别显示的 u_1、u_2 的波形；（f）单踪示波器用外同步时的示意图；

（g）单踪示波器用内同步时的示意图

（2）椭圆法。椭圆法也称李沙育图形法。用李沙育图形法测量相位差是示波器作为图形显示仪的基本用法。其具体方法是：

先将两个频率相同而相位差为 φ 的正弦波电压分别加到示波器的 Y 轴和 X 轴输入端。如 $u_Y = U_{mY} \sin(\omega t + \varphi)$，$u_X = U_{mX} \sin\omega t$，则在荧光屏上将显示出如图 2.25(a)所示的图形。

再根据 $+X$ 轴(或 $+Y$ 轴)上截距 X_1(或 Y_1)与幅值 X_m(或 Y_m)之比,可求出 Y 轴上所加信号与 X 轴上所加信号之间的相位差 φ 为

$$\varphi = \arcsin\left(\pm\frac{Y_1}{Y_m}\right) = \arcsin\left(\pm\frac{X_1}{X_m}\right)$$

两信号在不同相位差时所构成的图形如图 2.25(b)所示。此法只能测量出相位差的绝对值,至于是超前还是滞后的关系,应根据电路的工作原理进行判断。

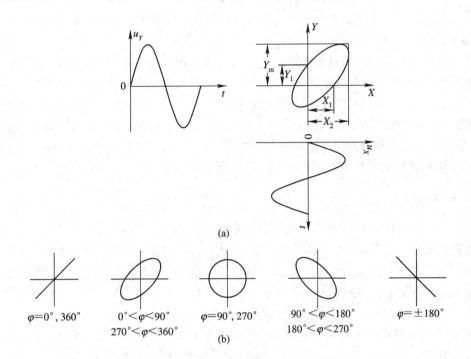

图 2.25　用李沙育图形法测量相位差
（a）李沙育图形法；（b）相位差不同时的李沙育图形

2.3　低频信号发生器

信号发生器（Signal Generator）是一种能提供正弦波、方波等信号电压和电流的电子测量仪器，一般作标准信号源使用。它在生产、科研和教学实验中应用十分广泛，几乎所有的静态和动态电子测试过程都离不开它，特别是在通信、电工电子领域尤为重要。

信号发生器的种类很多，依据不同的分类标准有不同的分类，如根据测量目的的不同，一般将信号发生器分为通用信号发生器和专用信号发生器两大类。通用信号发生器用于普通的测量目的，具有一定的通用性，应用面比较广；而专用信号发生器则用于某种特殊测量目的，如电视图像信号发生器、编码脉冲信号发生器等，应用面比较窄，是一种专门化的电子测量仪器。

通用信号发生器根据其输出波形的不同，又可分为正弦波信号发生器和非正弦波信号发生器。正弦波信号发生器用于产生正弦波信号，是电子测量中应用最为广泛的一种信号源，如最常见的音频信号发生器。非正弦波信号发生器则用于产生非正弦波信号，如方波、三角波、锯齿波等，函数信号发生器、脉冲信号发生器、噪声发生器等都属于非正弦波信号发生器。

如果按照产生信号的频率不同来分，信号发生器可分为低频信号发生器和高频信号发生器两类。下面我们主要介绍两种广泛应用的通用型低频信号发生器。

2.3.1　低频信号发生器

低频信号发生器也叫音频信号发生器（Audio Signal Generator），它能输出较低频率的正弦波信号,其频率和幅度在一定的范围内可以调整,旨在为生产、科研和教学实验提供一种标准的低频正弦波信号。

作为标准信号源,首先要求其输出信号的频率准确度高、稳定性好(即在规定时间内频率的变化率低),且频谱纯度高(即输出信号的波形接近正弦的程度高);其次要求其输出幅度范围宽且连续可调(即在小至微伏级,大至几百伏的范围内连续可调)、输出幅度均匀稳定(即在整个频段内输出幅度不发生变化)、电平指示正确;第三,要求设备输出阻抗匹配(低频信号发生器为 600 Ω,高频信号发生器为 75 Ω 或 50 Ω)。有些设备如高频信号发生器还要求能够输出已被调制(调幅或调频)的正弦波信号。

1. 基本组成

图 2.26 是 XD−1 型低频信号发生器的组成方框图,它主要由 RC 振荡器、电压放大器、输出衰减器、功率放大器、阻抗变换器、输出电压表和稳压电源等部分组成。不同型号的低频信号发生器,其组成稍有不同。如 XD−2 型低频信号发生器取消了功率放大及过载保护电路,改进了电源电路。又如 GAG809/810 型音频信号发生器,在 RC 振荡器之后还增加了方波形成电路,此外还增加了外同步输入电路。

XD−1 型低频信号发生器的名称中的字母 X 表示信号发生器,D 表示低频,数字 1 或 2 表示 1 型或 2 型。

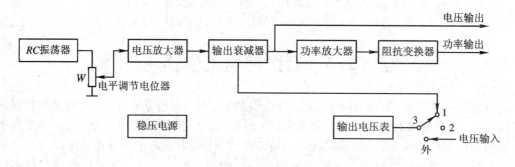

图 2.26　低频信号发生器基本组成方框图

2. 基本工作原理

RC 自激振荡器产生的低频正弦波信号经电压放大器放大到一定的幅度之后,由电平调节电位器 W 和输出衰减器调节后,可直接向负载提供一定频率、一定幅度的电压信号(如 XD−2 型低频信号发生器)。但是,该自激振荡器负载能力较差。如果此信号经功率放大器放大后再由阻抗变换器匹配输出,则可向负载提供功率信号(如 XD−1 型低频信号发生器)。电平调节电位器 W 可在低输出电平时保证信号发生器的非线性失真很小。有的低频信号发生器(如 GAG809/810 型音频信号发生器)在自激振荡器之后还增加了方波整形电路,可以输出低频方波信号。

3. 面板各主要旋钮

为了正确地使用低频信号发生器,我们必须先弄清楚低频信号发生器面板上的各主要旋钮及其作用。下面以固纬的 GAG809/810 型音频信号发生器为例进行介绍。

为了使用方便，低频信号发生器的各旋钮主要集中在其前面板（Front Panel）上，在后面板（Rear Panel）上很少有，如图 2.27 所示。

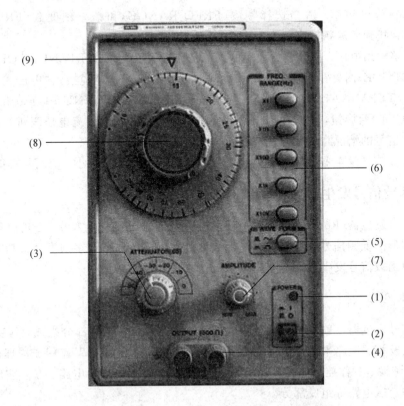

图 2.27　音频信号发生器（GAG809/810）的前面板

（1）POWER LAMP（电源指示灯）：当电源打开时亮，电源关闭时熄灭；

（2）POWER SWITCH（电源开关）：按下打开电源，按上关闭电源；

（3）ATTENUATOR（输出电压衰减）：分六挡，按分贝数标出；

（4）OUTPUT TERMINAL（输出接线端）：信号波形从此两端接出后有信号线和地线之分；

（5）WAVE FORM（波形选择）：可以输出两种信号波形，正弦波和方波；

（6）FREQ RANGE（频率范围）：分五挡，按下键的一挡选中；

（7）AMPLITUDE（输出电压细调）：可以连续调节输出电压的大小；

（8）FREQUENCY DIAL（频率刻度盘）：可以连续地调节输出频率，其值应乘以倍率；

（9）DIAL SCALE（频率刻度标线）：用以确定频率刻度盘上的准确位置。

4. 低频信号发生器的使用

无论是哪种低频信号发生器，使用前均应先仔细阅读其使用说明书，熟悉面板上各旋钮的位置、功能和操作方法。各种低频信号发生器的使用大同小异，下面以 GAG809/810 型音频信号发生器为例介绍，其使用步骤如下：

（1）做好准备工作。开机前，先将仪器外壳接地以免机壳带电，输出电压细调旋钮（AMPLITUDE）旋至最小，然后接通电源预热 5～10 分钟，待仪器稳定工作后再使用。

(2) 选择输出波形。GAG809/810 型音频信号发生器有两种输出信号波形：正弦波和方波。我们可以根据需要通过调节波形选择开关(WAVE FORM)来调节。

(3) 选择输出频率。适当选择频段(FREQ RANGE)和频率刻度数(FREQUENCY DIAL)，直到找到所需频率。

(4) 调整输出电压。输出电压大小的调节是通过输出衰减(ATTENUATOR)和输出细调(AMPLITUDE)两旋钮实现的。先将负载通过导线或开路电缆接入"电压输出"接线端(OUTPUT TERMINAL)。然后，适当调节输出衰减(ATTENUATOR)和输出细调(AMPLITUDE)两旋钮，使输出电压符合要求。必要时可以用交流电压表进行观测(仅用于输出正弦信号的情况)。

有的低频信号发生器上还带有电压表用以监测输出电压的大小，使用起来很方便。

2.3.2　函数信号发生器

函数信号发生器(Function Generator)是一种能输出正弦波、方波、三角波和脉冲波等多种函数波形的低频信号发生器。有些函数信号发生器还包括数字频率计等功能。下面简要介绍一种函数信号发生器的基本结构和工作原理。

1. 基本组成

函数信号发生器一般由信号的产生、变换和输出电路等主要部分组成，其功能可以采用多种方法及相关电路来实现。图 2.28 是一种函数信号发生器的基本组成原理框图，它包括正、负恒流源、对称控制电路、电子开关、缓冲器、正弦波整形电路、方波整形电路、输出放大器和稳压电路等组成部分。

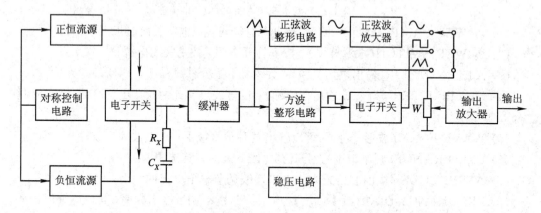

图 2.28　函数信号发生器基本组成原理框图

2. 基本工作原理

上述函数发生器的核心部件是三角波发生器。它利用正、负两组恒流源分别经过电阻 R_X 向电容 C_X 充放电产生三角波。当"电子开关"使得"正恒流源"向 C_X 充电时，其电压将线性增加；当"电子开关"使得"负恒流源"向 C_X 放电时，其电压将线性减少。"电子开关"的往复动作可得到对称的三角波。若由"对称控制电路"改变正、负恒流源电流的大小，将产生不对称的三角波——锯齿波。

显然，在"正、负恒流源"不变的前提下，只要我们选择不同的电阻 R_X 及电容 C_X，就可以得到不同频率的三角波。

"缓冲器"起到隔离前、后级电路，使之正常工作的作用。

当三角波通过"正弦波整形电路"（实际上是三组二极管组成的整形桥式电路）时，利用二极管的对数特性可以将之整形为正弦波；当三角波通过"方波整形电路"（实际上是施密特触发器 Schmitt Trigger）时，可将之整形为方波。顺便指出，若使方波通过"微分电路"后，亦可得到正、负尖顶脉冲波形。这样，在三角波的基础上就派生出了多种函数波形。

"幅度调整电位器 W"和"输出放大器"可以控制所输出信号的大小。

3. 基本使用方法

函数信号发生器的使用方法与低频信号发生器的差别不大。主要差别在于函数信号发生器多了几种输出信号波形的选择，有的还包括一些其他功能，如 GFC－801D6G 函数信号发生器就包括"函数信号发生器"和"数字频率计"两个部分，因此其面板旋钮开关也可分为两个部分。

函数信号发生器部分有"波形输出选择"（Function）、"频率范围"（Range）、"频率调整及倍乘器"（Mult）、"直流补偿"（Offset Adj）、"波形对称"（Duty）旋钮及"反相"（Inv）开关等。

数字频率计部分有"内/外测频率选择"开关（EXT、INT）、"外测频率输入衰减"开关（1/10、1/1）、"外测频率输入"端（Input Counter）等。其发光二极管 LED 显示屏上还可显示"Hz"、"kHz"、"Over"（外测频率超过 6 位的频率溢位）和"Gate"（闸门时标）等符号。

具体使用方法请参考有关仪器的使用说明书。

实训 2.2　常用电子仪器使用练习

1. 实训目的

（1）加深对示波器、低频信号发生器原理的认识。

（2）熟悉示波器、信号发生器面板上各控制旋钮的名称、作用和调节方法。

（3）初步掌握示波器和信号发生器的使用方法。

2. 实训设备与器材

（1）示波器、低频信号发生器、万用表各 1 台。

（2）面包板，电阻、电容等元器件。

3. 实训电路与说明

按图 2.29 所示连接电路。信号发生器 1 和 2 都能输出一定幅度、一定频率的正弦波或方波信号。示波器用来定量观察从探头输入的各种电信号的波形。注意：它们的输出端有信号线和地线之分，不能接错。示波器的探头具有一定的衰减倍数。

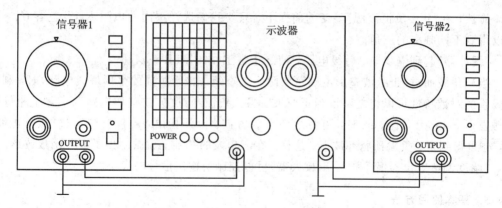

图 2.29　常用仪器使用练习实训装置图

面包板用于根据自己的要求插接元件组成所需要的电路,注意区分其输入端、输出端和地线。

4. 实训内容及步骤

1) 信号发生器的使用练习

先不接信号发生器 2,打开信号发生器 1 的电源开关预热 5 min。

(1) 调节输出信号的频率。按下面板上的"频率范围"选择开关,配合调节"频率调节"刻度盘,可以输出 0~1 MHz 的正弦信号或方波信号。根据"频率范围"旋钮指示的波段和"频率调节"刻度盘指示的刻度,就可以直接读出输出信号频率的数值。例如"频率范围"在"×10"挡,"频率调节"旋钮指在 100,则输出信号的频率为 100 Hz×10＝1 kHz。

(2) 调节输出信号的幅度。面板下方有两个旋钮,是用于调节输出幅度的。一般旋转其中的"输出调节"旋钮和"输出衰减"选择开关,就可以调节输出信号的幅度。例如,当"输出调节"旋钮置于最大位置、"输出衰减"开关置于 −20 dB 时,输出信号电压的峰峰值大约为 1 V,准确数值可用毫伏表测定。

(3) 用毫伏表测试信号发生器的输出电压。将信号发生器频率置于 1 kHz,"输出调节"旋钮置于最大位置。用毫伏表直接测量信号发生器在不同"输出衰减"位置时的输出信号电压值,填入表 2−7 中。

表 2−7

信号发生器 "输出衰减"的位置	0	−10	−20	−30	−40
毫伏表的读数/V					

将信号发生器的"输出衰减"旋钮置于 −20 dB,改变信号发生器输出信号的频率,用毫伏表测量相应的电压值,填入表 2−8 中。

表 2−8

信号的频率/Hz	50	100	$1×10^3$	$10×10^3$	$50×10^3$	$100×10^3$
毫伏表读数/V						

　　注意，在测量过程中，为了避免表头过载，应先将电压表的"量程"置于最大挡位，并将两输入端短路，调好零点。接入被测信号电压后，再依次向最小量程挡位拨动。为了读数精确，一般要求毫伏表的表头指示在满刻度的三分之一以上。

　　2）用示波器观察信号波形

　　(1) 接通示波器的电源预热 5 min 左右。

　　(2) 将"触发电平"旋钮顺时针旋到底，触发沿选择开关置于"+"或"-"，触发信号源选择开关置于"INT"（或相应的输入信号通道，如 CH1）。

　　(3) 调节"辉度"、"聚焦"和"辅助聚焦"等旋钮（调节辉度时，以看清扫描基线为准，切莫把亮度调得过大），使屏幕上显示一条细而清晰的扫描基线。调节 X 轴和 Y 轴"位移"旋钮，使基线居于屏幕中央。

　　(4) 将被测信号从 Y 输入端输入，其输入耦合方式开关置于"AC"（或任选一通道如 CH1）。

　　(5) 调节 Y 轴输入灵敏度选择开关"V/DIV"及其"微调"旋钮，控制显示波形的高度。调节扫描速率选择开关"T/DIV"及其"微调"旋钮，改变扫描电压周期"T"使屏幕上显示的波形尽量稳定（当扫描电压周期为被测信号周期的整数倍时）。通过改变扫描电压周期与被测信号周期的倍数关系可以控制显示波形的个数。

　　注意，因扫描电压与被测信号电压来自两个不同的信号源，即使开始两者的频率正好成整数倍关系，但稍后会漂移，使屏幕上的波形出现移动或重叠现象。这时，在触发信号源选择正确的基础上应将触发电平调离"自动"位置，并向逆时针方向缓慢转动，使屏幕上出现稳定的波形，即实现触发同步。

　　本内容要求输入信号电压为 1 V（可用毫伏表测量），频率分别为 100 Hz、1 kHz、20 kHz 和 195 kHz。调节示波器的灵敏度选择开关"V/DIV"及其"微调"旋钮和扫描速率开关"T/DIV"及其"微调"旋钮，在屏幕上观察到高度为 6 格、具有 3 个完整周期的正弦波信号波形。

　　3）用示波器测量信号电压

　　(1) 使信号发生器 1 的输出信号频率固定在 1 kHz，并保持其输出幅度不变。

　　(2) 将示波器灵敏度"微调"旋钮旋至"校准"位置（此时屏幕上显示的"V/DIV"值代表屏幕上纵向每格的电压值）。

　　(3) 根据屏幕上显示波形高度的格数直接读出被测信号的幅度值，即电压数，将测量结果填入表 2-9 中。

表 2-9

信号发生器"输出衰减"旋钮所在的位置	-40	-30	-20	-10	0
示波器的灵敏度/(V/div)					
波峰到波峰高度/格					
电压的峰峰值 U_{P-P}/V					
电压的有效值/V					

注意，为了保证测量精度，应使屏幕上显示的波形有足够的高度。为此，应将灵敏选择开关置于适当的位置。使用示波器的探头测量时，计算中应考虑 10∶1 的衰减。示波器的使用过程中应该尽量避免荧光屏上出现一个亮点的情况。不测量时，荧光屏上应保持一条水平亮线。

4）用示波器测量信号的周期

（1）使信号发生器 1 的输出电压固定为 1 V。

（2）将扫描速率"微调"旋钮旋至"校准"位置（此时屏幕上显示的"T/DIV"值代表屏幕上水平每格的时间值）。

（3）根据示波器屏幕上一个周期波形在水平轴上所占的格数直接读出被测信号的周期，将测量结果填入表 2 - 10 中。

表 2 - 10

信号的频率/kHz	1	5	50	100	200
扫描速率/(t/div)					
一周期占的水平格数/格					
信号的周期/s					

注意，为了保证测量精度，屏幕上一个周期应占有足够的格数。为此，应将扫描速率开关置于适当的位置。

5）用示波器测量信号频率

信号的频率可由测得的周期的倒数求出。此外，还可以用李沙育图形来测量，其具体方法如下：

（1）按照图 2.29 连接好两个信号发生器。

（2）信号发生器 1 输出信号的频率为未知频率 f_Y，从示波器的 Y 轴输入端输入；信号发生器 2 输出信号的频率为已知频率 f_X，从 X 输入端输入。

（3）调节信号发生器 2 的频率，当 f_Y 与 f_X 成一定比例时，屏幕上将出现一个李沙育图形。

（4）根据李沙育图形和 f_X 的读数，计算出被测信号的频率 f_Y。

显示的李沙育图形如图 2.30 所示。若在图形上画一条水平线和一条垂直线，它们与图形的交点分别为 $n_X=6$，$n_Y=2$，$f_X=2.5$ kHz，则被测信号的频率为：

$$f_Y = \frac{n_X}{n_Y} f_X = \frac{6}{2} \times 2.5 = 7.5 \text{ kHz}$$

为了便于测量，n_X、n_Y 应成整数倍关系，一般取 1、2、3 等值。本实训中建议选 $f_X=6$ kHz 左右。

若时间不够，这部分内容可以由老师演示一下。

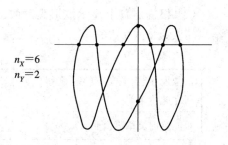

$n_X=6$
$n_Y=2$

图 2.30 李沙育图形

5. 预习要求与注意事项

(1) 认真阅读仪器说明书，事先了解面板上各旋钮的功能与用法；

(2) 操作时，应严格遵守操作规程。转动旋钮时，用力要适当以免造成机械损坏；

(3) 几台仪器设备同时使用时，为避免干扰噪声，减少测量误差，所有的仪器、设备和实验装置的"地端"应接在一起，即所谓"共地"；

(4) 几台仪器设备同时使用时，还应选用一个测量准确度高的仪器作为测量某个电量的基准仪器。

【本章小节】

本章介绍了电子电路中最基本的线性元件之一电容器和电子测量中最常用的两种电子仪器示波器和低频信号发生器，并通过实训学习了它们的基本应用。这些都是最基本的内容，尤其是示波器，可以说是全书的重点和难点，必须通过反复练习来掌握。

电容器是由两个金属电极中间夹一层绝缘电介质构成的一种储能元件。它具有阻止直流电流通过、允许交流电流通过的特性。在电路中，主要用于调谐、滤波、耦合、旁路和能量转换等作用。

电容器的种类较多，一般按结构可以分为固定电容器、可变电容器器和半可变电容器三种，按介质材料可以分为电解电容器、云母电容器、瓷介质电容器、玻璃釉电容器、纸介电容器和有机薄膜电容器等多种类型。

电容器的性能指标包括电容量(单位为法拉(F)、微法(μF)和皮法(pF)等)、标称电容量(E24、E12、E6 三个系列)、允许误差、额定工作电压、绝缘电阻和介质损耗等。根据国家标准，电容器的型号命名一般包括主称、材料、特征和序号四个组成部分。电容器可以采用直标法、数码法和色标法进行标识。此外，利用万用表的欧姆挡可以简单地判别电容器质量的优劣。

示波器是一种可以定量观测电信号波形的电子仪器，它除了能对电信号的电压、周期、频率和相位等进行测量外，若借助于相应的转换器还可以用来观测各种非电量，如温度、压力、流量、生物信号(能够转换成电信号的各种模拟量)等。如果将其结构和功能稍加扩展，还可以组成晶体图示仪、扫频仪和各种雷达设备等，应用十分广泛。

示波器一般都包含有示波管、垂直通道、水平通道、扫描发生器、触发同步电路和直流电源等基本组成部分。其中，示波管是示波器的核心部件，主要由电子枪、偏转系统和荧光屏三个基本部分组成，并密封在一个真空玻璃壳内，是一种阴极射线管，用于显示电压信号的波形。

如果在示波器的垂直偏转板和水平偏转板上加上不同的控制电压，则电子束将会作不同的偏转，荧光屏上将会显示不同的波形。为了观察到稳定的被测信号波形，必须在 X 轴偏转板上加上理想的锯齿波扫描电压，在 Y 轴偏转板上加上被测信号电压。而且 T_X 和 T_Y 必须成整数倍关系($T_X = nT_Y$，n 为正整数)，即所谓的"同步"。这一过程的实现是通过触发同步电路和扫描发生器来完成的。

示波器的类型很多，性能指标的差异较大，但其使用方法大同小异，核心是要能正确地操作其面板上的诸多开关和旋钮，而这些开关和旋钮与其内部各组成部分是相互对应的。因此，只有正确掌握示波器的大致结构和基本工作原理，并通过反复练习才能很好地掌握示波器的操作和使用方法。

低频信号发生器也叫音频信号发生器，是一种能输出较低频率正弦波信号，其频率和幅度在一定的范围内可以调整的标准信号源。低频信号发生器主要由 RC 振荡器、电压放大器、输出衰减器、功率放大器、阻抗变换器、输出电压表和稳压电源等部分组成。不同型号的低频信号发生器其组成稍有不同。

函数信号发生器是一种能输出正弦波、方波、三角波和脉冲波等多种函数波形的低频信号发生器。它一般由信号的产生、变换和输出电路等主要部分组成，其功能可以采用多种方法及相关电路来实现，有些函数信号发生器还包括数字频率计等功能。

习 题 2

2.1　电容器的分类、特点及用途是什么？

2.2　完成下面的电阻、电容、电感参数的单位换算：

220 Ω＝　　　　　　MΩ＝　　　　　　kΩ

0.22 μF＝　　　　　pF＝　　　　　　F

68 μH＝　　　　　mH＝　　　　　　H

2.3　识别给定电容器的标称容量，并用万用表测出其实际电容量，验证误差的大小。

2.4　用万用表检测一个小容量固定电容器的容量。

2.5　电容串、并联的总容量应该如何计算？请实际测量验证一下。

2.6　试用万用表观察电解电容的充电、充满、漏电和放电各个过程，说明为什么这样操作。

2.7　用示波器测量直流信号时应注意什么问题？

2.8　用示波器测量交、直流混合信号时，采用不同的输入耦合方式（AC 或 DC）输入信号时，示波器屏幕上显示的波形各代表什么？

2.9　如果观察到的波形幅度过大并偏离中心位置以至无法看清其全貌，应该怎样调整示波器使波形幅度和位置适当？要求写出调节的旋钮和调节的过程。

2.10　欲测量直流信号电压中的交流成分，输入耦合方式选择开关（AC－GND－DC）应置于哪个位置？如欲测量交流信号电压，能否将输入耦合选择开关置于 DC 位置？

2.11　用示波器观察被测信号波形，写出要达到以下情况需调节的旋钮。

（1）波形清晰且亮度适当。

（2）波形大小适当且在荧光屏中央。

（3）波形完整。

（4）波形稳定。

（5）波形的位置移动。

（6）波形的个数改变。

2.12　示波器显示的波形不断向左移动，试分析其原因。应该调节哪个旋钮，朝什么方向调节可使波形稳定？实际操作一下，验证你的分析是否正确。

2.13　当 nf_X 接近但不等于 f_Y 时，荧光屏上显示的波形将向左右移动。当波形向右移动时，nf_X 是大于 f_Y 还是小于 f_Y？当波形向左移动时，nf_X 是大于 f_Y 还是小于 f_Y？

2.14　一个 500 Hz 的简谐信号输入示波器的 Y 轴输入端，在荧光屏上见到了五个波形，试问此时示波器的扫描频率约为多少？

2.15　用示波器观测被测信号时，为了在荧光屏上稳定地显示三个完整周期的波形，被测信号的频率与扫描频率应满足怎样的关系？

2.16　简要说明示波器显示波形的原理，要求画出示意图并说明同步的概念。

2.17　为什么几台仪器、设备同时使用时，各仪器、设备必须接到统一的公共地上？

第3章　电感元件的识别、检测与应用

电感器是组成电子线路的重要元件之一，它和电阻、电容、晶体管等元器件通过适当的组合后，能构成各种功能的电子电路。在调谐、振荡、耦合、匹配、滤波等电路中都是不可缺少的重要元件。按其作用，通常将电感器分为具有自感作用的电感线圈和具有互感作用的变压器线圈；按工作特征，电感器又可分为固定电感线圈和可变电感线圈。

实训 3.1　电感在并联谐振电路中的应用

1. 实训目的

（1）熟悉电感元件的识别方法，了解电感元件在电子线路中的应用。

（2）掌握用基本仪器仪表(万用表、示波器、信号源、Q 表)测量电感及其应用电路的基本方法。

（3）了解分析和调试谐振电路的基本方法和步骤。

2. 实训设备与器件

（1）实训设备：低频信号发生器 1 台，万用表 1 台，QBG－3B 型 Q 表 1 台、示波器 1 台。

（2）实训器件：电阻元件，电感元件，电容元件。

3. 实训电路与说明

图 3.1 所示为 RLC 并联谐振电路，所谓并联谐振，是指在交流信号发生器的输出电压恒定时，若信号发生器的输出频率 f_0 与 L、C 元件的参数间满足公式

$$f_0 = \frac{1}{2\pi\sqrt{LC}}$$

时，A、B 两点间的电压 U_{AB} 的幅值为最大，而流过电阻 R 的电流幅值为最小，使电阻 R 两端的电压 U_{BD} 的幅值为最小。我们将此时的频率 f_0 称为谐振频率。当各元件的参数一定时（如图 3.1 所示），调整低频信号发生器的输出频率，并用示波器观察 U_{BD} 的幅值和频率的变化。在调试过程中，将会看

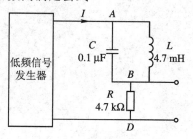

图 3.1　RLC 并联谐振电路

到当信号源频率调到某一点时，U_{BD} 的幅值为最小，此时不管再增加或减小输入信号频率，U_{BD} 的幅值都将增大。那么与 U_{BD} 幅值最小时所对应的信号源频率就是谐振频率 f_0。

4. 实训内容与步骤

(1) 检测元器件。分别用万用表或 Q 表测量各元件参数值，再将测得的参数值和器件上的标识(文字、符号、色环)值相对照，根据 L、C 元件的参数值计算出谐振频率 f_0。

(2) 将信号发生器输出电压 U_{AD} 的幅值调至 3 V，将输出频率 f_0 调到已计算出的频点上，其目的是为了在调试时迅速找到谐振点。实际中的谐振频率与理论计算得到的谐振频率间存在一定的偏差。

(3) 按图 3.1 接线，将双踪示波器的 CH1 和 CH2 探头分别接到信号发生器的输出端 A、D 和电阻的 B、D 两端。调整信号源输出频率，观察示波器显示波形幅值的变化，当 U_{BD} 的幅值下降到最低点时，就是该电路的谐振点。观察谐振状态下 U_{BD} 的幅值与失谐状态下 U_{BD} 的幅值的变化过程，并比较示波器指示的实际谐振频率与理论计算频率的偏差。

(4) 用自制电感线圈替代标准电感元件。如用导线绕十几圈可构成空心电感线圈，再用 Q 表测出其电感值(约十几微亨)，将该电感替代图 3.1 中的电感，然后测出由自制电感线圈构成的 RLC 并联谐振电路的谐振频率。若改变自制电感线圈 L_X 的绕制直径、匝数或密度，观察谐振频率有何变化，并完成表 3 - 1(用高频信号发生器作信号源)。

表 3 - 1　并联谐振实验数据

R/Ω	L_{X1}/mH	$C/\mu\text{F}$	U_{BD}/V	f_0/Hz
R/Ω	L_{X2}/mH	$C/\mu\text{F}$	U_{BD}/V	f_0/Hz

5. 实训总结与分析

(1) 若将一条导线绕成空心螺旋状或绕在铁心及磁心上，就构成了电感器。电感器具有储能作用，此外，对通过它的直流电流信号，它相当于短路；而对交流电流信号，则有一定的阻碍作用，且频率越高，阻碍作用就越大。

(2) 电感量和品质因素是表征电感器性能的基本参数。在实际应用时，主要从电感量和品质因数两方面来检查其是否符合电路要求。其中，电感量是表征电感线圈对交流信号阻碍作用的主要参数之一，它的大小可反映电感线圈产生感应电动势能力的大小。电感量的大小取决于绕组材料、尺寸形状、磁心材料等因素。在实训中可分别对采用空心电感和带磁心的电感进行比较。若将一磁心材料插入空心电感线圈，观察谐振频率有何变化。

(3) 品质因数 Q 是表征线圈质量的物理量，它是用电感回路储存的总能量与交流信号在一个周期内损耗能量的比值来表示的。所以，Q 值的大小可表征线圈功率损耗的大小，Q 值越大，线圈的功率损耗就越小，反之其损耗就越大。理想线圈不消耗功率，但实际线圈总是有一定的电阻，当电流通过时就会发热，即消耗功率；线圈骨架及其他绝缘材料都有介质损耗，也消耗功率；可将所有这些功率损耗用一个与理想电感 L 相串联的等效电阻 r 来表征。当线圈上通过电流 I 时，其功率损耗为 I^2r。由于受到很多因数的影响，Q 值不可能做得很大，通常在几十到几百之间。

（4）接线时，示波器两个通道的探头 CH1、CH2 和信号源三者的接地点必须一致。在图 3.1 中，应以 D 点为基准点，即将示波器双路探头的接地端和信号源的接地端都接在 D 点。

（5）测量电路的连接线等因素对电感也会有一定的影响，其影响可用与电感相并联的电容 C_S 来等效，称为固定电容，如图 3.2 所示。电感线圈还与信号的工作频率 f 有关，工作频率越高，对电感影响也就越大，这使得线圈的实际有效电感值大于理论计算值。

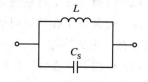

图 3.2　电感的等效电路

（6）并联谐振时，LC 谐振回路的阻抗为最大，通过谐振电路的电流 I 为最小，即电感和电容两端的电压 U_{AB} 为最大。若信号源输出信号的幅值一定，且将输出频率 f 调至谐振频率 f_0 时，用示波器观察谐振时 U_{BD} 波形的幅值为最小。若此时改变电感或电容的参数值，U_{BD} 波形的幅值将增大，说明回路的固有谐振频率已被改变，与原信号源输出频率不符，电路将工作在失谐状态（消除谐振）。若再调整信号源的输出频率，使 U_{BD} 波形的幅值仍为最小值，此时示波器指示的频率就是新的谐振频率 f_0。若将信号源的输出频率 f 固定在某一点上，通过调整元件 L、C 的参数值，同样能使电路达到谐振状态。

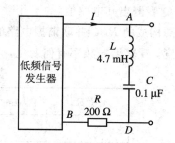

图 3.3　RLC 串联谐振电路

（7）用示波器也可观察串联谐振时串联电感、电容两端电压 U_{AD} 的波形，如图 3.3 所示。调整信号源频率，使电路工作在谐振状态。此时谐振回路的阻抗应为最小，电流 I 为最大。若增大或减小电感或电容值，可观察输出波形 U_{AD} 的变化。

3.1　电感器及其应用

为了能够正确地识别、选择和使用电感器，本节将重点介绍电感器的种类、识别及测量的基本方法。

3.1.1　电感器的分类

最常见的电感器有两大类：一类是具有自感作用的线圈；另一类是具有互感作用的变压器。前面所提到的电感器属于自感线圈。不同种类和不同形状的电感器具有不同的特点和不同的用途。但它们在结构上有着许多相同之处，即都是用漆包线或沙包线等各种规格的导线绕在绝缘骨架上或铁心上构成的，且匝与匝之间相互绝缘。所不同的是，它们的绕制方法不同，骨架、铁心或磁心材料与形状结构不同，如图 3.4 所示。

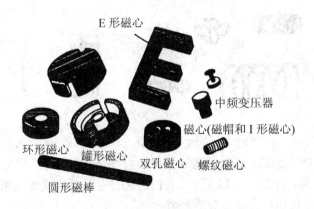

图 3.4　常用电感器的磁心

1. 固定电感器

（1）小型固定电感器，也称为色码电感器。它是用铜线直接绕在磁性材料骨架上，然后再用环氧树脂或塑料封装起来的。其外形结构和表示符号如图 3.5 所示，主要有立式和卧式两种。这种电感器的特点是体积小、重量轻、结构牢固、安装方便，被广泛应用于收录机、电视机等电子产品中。

图 3.5　小型固定电感器的外形与表示符号

小型固定电感器的电感量较小，一般为 $0.1~\mu H \sim 100~mH$，误差等级有 Ⅰ 级（±5%）、Ⅱ 级（±10%）、Ⅲ 级（±20%），Q 值范围一般为 $30 \sim 80$，工作频率约为 $10~kHz \sim 200~MHz$，额定工作电流常用 A、B、C、D、E 等字母表示，所对应的具体数值参见表 3-2。

表 3 - 2　小型固定电感器的工作电流和字母的关系

字　母	A	B	C	D	E
最大工作电流/mA	50	150	300	700	1600

（2）空心线圈。空心线圈是用导线直接在骨架上绕制而成的。其线圈内没有磁性材料做成的磁心或铁心，有的线圈甚至没有骨架。其外形与表示符号如图 3.6 所示。这种线圈由于没有铁心、磁心，故电感量往往很小，一般只用在高频电路中。

（3）扼流圈。扼流圈可分为两类，即高频扼流圈和低频扼流圈。高频扼流圈是用漆包线在塑料或瓷骨架上绕成的蜂房式结构，如图 3.7(a)所示。它在高频电路中的作用是阻止高频信号通过，而让低频信号畅通无阻。由于高频信号加到线圈上会出现很强的电磁感应现象，干扰周围电路的正常工作，所以在制作时往往采用蜂房式绕线方法，以达到降低干扰的目的。它的电感量一般为 $2.5 \sim 10~mH$。低频扼流圈是指用漆包线在铁心外经多层绕

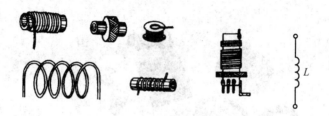

图 3.6　空心线圈的外形与表示符号

制制成的大电感量的电感器；也有的是通过将漆包线绕在骨架上，然后在线圈中间插入铁心（或硅钢片）制成的，如图 3.7(b)所示。它们通常与电容器组成滤波电路，用以滤除整流后的残余交流成分，从而让直流成分顺利通过。

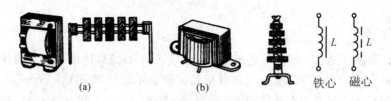

图 3.7　扼流圈的外形与表示符号
（a）高频阻流圈；（b）低频阻流圈

2. 可变电感器

（1）可变电感线圈，也称磁心线圈。其外形与表示符号如图 3.8 所示。它是在线圈中插入磁心并通过调节其在线圈中的位置来改变电感量的。可变电感线圈的特点是体积小、损耗小、分布电容小、电感量可在所需的范围内调节。如收音机中的磁棒天线就是可变电感器，它与可变电容器组成的谐振电路可构成调谐器，通过改变可变电容器的容量，就能改变谐振回路的谐振频率，从而实现对所需电台信号的频率选择。

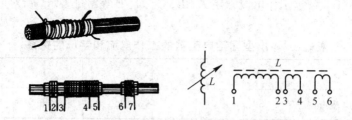

图 3.8　可变电感器线圈的外形与表示符号

（2）微调电感线圈。它在线圈中间装有可调节的磁帽（或磁心）。通过旋转磁帽可调节磁心或磁帽在线圈中的位置，从而改变电感量。微调电感线圈的外形及表示符号如图 3.9 所示。

有的电子电路要求电感器的电感量只能有微小的改变，以满足生产、调试的需要。例如，在收音机的选频电路中，由电感器和电容器组成了一个选频电路，它能将 465 kHz 的中频信号选出来，再加以放大。但由于电容量和电感量在生产时都存在一定的误差值，很难配合完好，所以往往需要通过对电感量进行微小调整以修正误差值，达到选出 465 kHz

信号的目的。

图 3.9　微调电感线圈的外形与表示符号

3.1.2　电感器的型号及命名

　　电感线圈的命名方法目前有两种，采用汉语拼音字母或阿拉伯数字串表示。电感器的型号命名包括四个部分，如图 3.10 所示。例如，LGX 的含义是小型高频电感线圈。

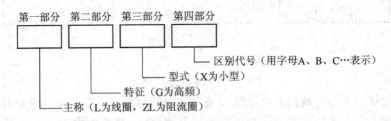

图 3.10　电感器的型号命名

3.1.3　电感器的主要性能指标

1. 电感器的特性

　　当交变电流通过线圈时，便在线圈周围产生交变磁场，如图 3.11 所示，使线圈自身产生感应电动势。这种感应现象称为自感现象，它所产生的电动势称为自感电动势。

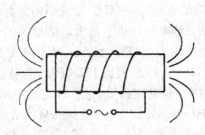

图 3.11　电磁感应现象

　　这种自感现象可通过下述实验来观察。如图 3.12(a)所示，S_1 和 S_2 是两个相同的灯泡，L 为自感线圈，R 为可变电阻器。调节电阻器 R 的阻值，使它正好等于线圈的直流内阻。当开关 K 闭合的瞬间，我们可观察到灯泡 S_2 比 S_1 先亮，这是因为电路中的电流发生突变时，S_1 支路中的线圈产生了自感电动势。根据楞次定律，这个新产生的自感电动势将阻碍电流的增加，即自感电动势的方向与外加电动势方向相反，因此，在 S_1 支路中，电流的增大要比只有纯电阻的 S_2 支路来得缓慢些，于是灯泡 S_1 比 S_2 亮得稍迟。过一段时间后，由于直流电源供电趋于平稳，线圈中电流不再变化，自感线圈不再产生感应电动势，线圈相当于短路，因此 S_1 与 S_2 亮度一样。

从图 3.12(b) 还可以观察到切断电源时的自感现象。当迅速地把开关 K 断开时，可以清楚地看到灯泡 S 并不立即熄灭，而是突然地更亮一下以后才熄灭。这是因为在切断电源的瞬间，由于电流有了突然地变化，使线圈上产生了一个很大的感应电动势。这个感应电动势在线圈和灯泡 S 组成的闭合回路中将产生较大的冲击电流。在一些有电感元件存在的电子线路中，这种冲击电流可能造成对其他器件的损害，所以在电感器件的两端通常并联二极管以构成冲击电流泄放回路，如图 3.12(c) 所示。

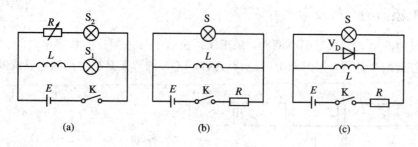

图 3.12　自感现象的演示

感应电动势的大小与线圈的电感量 L 有关。我们将电感器阻碍交流电流作用的大小值用感抗来描述，用字母"X_L"表示，其单位也是欧姆(Ω)。感抗的大小与电感量 L 及交流电频率 f 的乘积成正比

$$X_L = \omega L = 2\pi f L$$

2. 电感器的主要参数

(1) 电感量。电感量是电感器的一个重要参数，单位是亨利(H)，简称亨。常用的单位还有毫亨(mH)和微亨(μH)，他们之间的数量关系为

$$1\ \text{H} = 10^3\ \text{mH} = 10^6\ \mu\text{H}$$

电感量的大小与电感线圈的匝数(或称圈数)、线圈的截面积及内部有无铁心或磁心有关。在同等条件下，匝数多的比匝数少的电感量大，有磁心的比无磁心的电感量大。

用于高频电路中的电感线圈，电感量相对较小，而用于低频整流滤波电路中的电感线圈，其电感量比较大。在生产时，由于工艺技术等原因，电感量和标称值之间往往存在一定的误差，一般来说，误差越小，精度就越高，生产工艺的技术难度也就越大，成本也相应增加。在使用时，应根据电路对电感器的要求，选择相应的精度。例如，振荡电路对线圈的要求较高，误差范围一般为 0.2%～0.5%；而起耦合、阻流作用的线圈要求相对较低，允许误差为 10%～20 %。

(2) 品质因数(Q)。品质因数是表示电感器质量的主要参数，也称作 Q 值。它是指电感器在某一频率的交流电压下工作时，电感器储存的能量与损耗的能量之比。对于电感或电容元件来说，就是在测试频率上呈现的电抗和本身直流电阻的比值，用公式可表示为

$$Q = \frac{X_L}{r} = \frac{\omega L}{r} = \frac{2\pi f L}{r}$$

或

$$Q = \frac{X_C}{r} = \frac{1}{\omega C r} = \frac{1}{2\pi f C r}$$

式中，L 表示电感量，C 表示电容量，r 表示电感或电容的直流等效电阻，f 表示电流频率，ω 表示角频率。通常，品质因数 Q 值越大越好。因为 Q 值越大，电感线圈本身的损耗就越小。但这往往受到一些条件的限制，如导线直流电阻的损耗，铁心引起的损耗，还有在高频时的趋肤效应等。实际上，电感器的 Q 值无法做得很高，一般在几十至几百之间。在实际应用中，谐振电路要求线圈的 Q 值要高，这样，线圈的损耗小，能提高工作性能；用于耦合的线圈，其 Q 值可低一些；若线圈用于阻流，则基本上不作要求。

（3）固有电容。电感器线圈的匝与匝之间有空气、导线的绝缘层、骨架等，它们存在着寄生电容；绕组与地之间、与屏蔽罩之间也存在着电容，这些电容是电感器所固有的。由于这些固有电容的存在，降低了电感器的稳定性，同时也降低了品质因数。为了减小电感器的固有电容，通常采用减小线圈骨架、导线直径以及改变绕法（如蜂房绕法和间绕法）等措施加以解决。

（4）稳定性。稳定性是指电感器参数随环境条件变化而变化的程度。在工作时，电感器的电感量和品质因数会随工作环境的温度、湿度的改变而改变。在对稳定性要求较高的电路中，对电感器的稳定性将有较高的要求。

（5）额定电流。额定电流是指电感器正常工作时，允许通过的最大工作电流。若工作电流大于额定电流，电感器会因发热而改变参数，严重时将会被烧毁。

3.1.4　电感器的识别方法

为了表明各种电感器的不同参数，便于在生产、维修时识别和应用，常在小型固定电感器的外壳上涂上标志，其标志方法有直标法和色环标志法两种。小型固定电感器电感量的数值、单位通常直接标注在外壳上，也有的采用色环标志法。目前，我国生产的固定电感器一般采用直标法，而国外的电感器常采用色环标志法。

（1）直标法。直标法是指将电感器的主要参数，如电感量、误差值、最大直流工作电流等用文字直接标注在电感器的外壳上。电感器直标法的读识如图 3.13 所示。其中，最大工作电流常用字母 A、B、C、D、E 等标注，字母和电流的对应关系如表 3 - 2 所示。

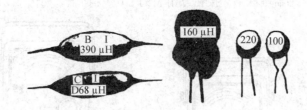

图 3.13　小型固定电感器直标法的读识

例如，电感器外壳上标有 3.9 mH、A、Ⅱ 等字标，表示其电感量为 3.9 mH，误差为 Ⅱ 级（±10%），最大工作电流为 A 挡（50 mA）。

（2）色标法。色标法是指在电感器的外壳涂上各种不同颜色的环，用来标注其主要参数。如图 3.14 所示，最靠近某一端的第一条色环表示电感量的第一位有效数字，第二条色环表示第二位有效

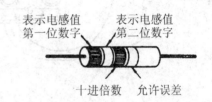

图 3.14　小型固定电感器色标法的读识

数字，第三条色环表示 10^n 倍乘数，第四条表示误差。其数字与颜色的对应关系和色环电阻标志法相同，单位为微亨（μH）。

例如，某一电感器的色环标志依次为：棕、红、红、银，则表示其电感量为 $12 \times 10^2 \, \mu H$，允许误差为 $\pm 10\%$。

3.1.5　电感器的测量

1. 外观结构检查

在测量和使用电感器之前，应先对电感器的外观、结构进行仔细的检查，主要是观察外形是否完好无损，磁性材料有无缺损、裂缝，金属屏蔽罩是否有腐蚀氧化现象，线圈绕组是否清洁干燥，导线绝缘漆有无刻痕划伤，接线有无断裂，铁心有无氧化等。对于可调节磁心的电感器，可用螺丝刀轻轻地转动磁帽，旋转应既轻松又不打滑，但应注意转动后要将磁帽调回原处，以免电感量发生变化。对于多股线圈，检查时应细心观察接头处的多股线是否每根都集合在一起并焊牢，否则会引起线圈 Q 值的下降。通过这些外观检查，并判断基本正常后，再用万用表和专用仪器作进一步的测量。

2. 用万用表测量电感器的直流电阻值及电感量

电感器线圈的直流阻值可用公式 $R = \rho L / S$ 来表示，式中的 ρ 为导线的电阻率，L 为导线的长度，S 为导线的截面积。若已知各参数值，根据计算可得电阻值。在各参数值未知的情况下，可适当选择万用表的欧姆挡来测量线圈的直流电阻，测量方法如图 3.15（a）所示。若测量出的阻值为无穷大，说明内部线圈已开路，电感器已损坏；若测量出一定的阻值且在正常范围内，说明此电感器正常；若测量出的阻值偏小或阻值为零，说明导线的匝与匝（或层与层）之间有局部短路或完全短路。

在测量电路板上的电感器时，应注意将电感器与外电路断开，以免外电路的元器件与线圈起串、并联作用，引起测量误差。用带电感刻度线的万用表（如 U—101 型）将 10 V 交流辅助电源和被测电感器串联后，接在万用表的"10 V"挡上，如图 3.15（b）所示，在万用

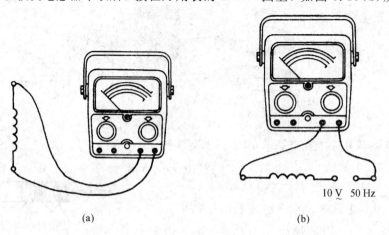

(a)　　　　　　　　　　　　(b)

10 V　50 Hz

图 3.15　万用表测量电感器的电阻和电感量
（a）测量电感器的直流阻值；（b）测量电感器的电感量

表的刻度盘上便可直接读出电感量的数值。

3. 用电流电压法测量电感值

如图 3.16 所示，L_X 表示待测电感，r 表示电感等效电阻，R 为串接的一个测量电阻，取 $R \gg r$。将信号发生器输出电压 U_i 的频率调在 50 Hz。用万用表测出电阻 R 两端交流电压 U_R 的有效值，则流过 R、L_X 的交流电流有效值为

$$I = \frac{U_R}{R}$$

因感抗为

$$X_L = \omega L = 2\pi f L_X$$

则有

$$U_{Lr} \approx U_{L_X} = \omega L_X I = 2\pi f L_X \frac{U_R}{R}$$

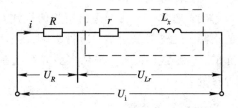

图 3.16　用电流电压法测量电感电路

所以

$$L_X = \frac{U_{L_X} R}{2\pi f U_R}$$

如果 R 取 3.14 kΩ，调节信号源输出电压，使 U_R 等于 10 V，代入上式得

$$L_X = \frac{U_{L_X} \times 3.14 \times 10^3}{2 \times 3.14 \times 50 \times 10} = U_{Lr}$$

此时被测线圈的电感量与线圈两端电压降的数值恰好相等。例如，当测定的 U_L 等于 4.5 V 时，被测电感量 L_X 为 4.5 H。

注意，采用电流电压法对电感量进行测量时，信号源输出电压的频率不能过高，因此，这种方法只适用于低频率下大电感量的测量，不适合小电感的测量，故在无线电元件的测试中很少采用。

4. 用谐振法测量电感值

在前面图 3.1 的并联谐振电路中，设被测电感线圈 L 用 L_X 来表示，取 $C = 0.5\ \mu\text{F}$，$R = 1\ \text{k}\Omega$，信号发生器的频率预置为 $10 \sim 30\ \text{kHz}$，将幅值调至 3 V，然后逐渐调节信号发生器的输出频率，并用示波器测出回路的谐振频率 f_0，则被测电感可根据下式求出

$$L_X = \frac{1}{(2\pi f_0)^2 C}$$

由于受线圈固有电容和安装电容等因素的影响，用这种方法测得的电感值比线圈的实际值一般要略大些。也可采用串联谐振电路构成测量电路，待测出其谐振频率后，再按上式计算出电感值。

5. 用 Q 表测量电感值和 Q 值

Q 表是检测电感器的电感量和品质因数 Q 值的专用仪器，它可直接测量 $0.1\ \mu\text{H} \sim 100\ \text{mH}$ 的电感量。测量时，只要将被测线圈接在 Q 表的 L_X 测量回路接线柱上，根据对线圈电感值的估计范围，通过仪器面板上的电感—频率对照表选择出与之对应的谐振频率。

然后，根据谐振频率所在的频率区间，确定频率"量程选择按钮"的位置，再用"频率调节旋钮"将频率调到所选择的标准谐振频率上。最后，通过调整"主调电容度盘旋钮"和"微调电容旋钮"，使 Q 值指示值为最大，使测量回路工作在谐振状态。此时，由电容—电感刻度盘可直接读出被测线圈的电感值，而由 Q 值指示表头读出的数值就是该电感的 Q 值。

6. 电感器的常见故障

电感器的常见故障有以下四种：一是线圈断路，这种故障是由于线圈脱焊、霉断或扭断引起的，通常出现在线圈引出线的焊接点处或弯曲的部位；二是线圈发霉，导致线圈 Q 值的下降；三是线圈短路，这种故障多是由于线圈受潮后使导线间绝缘性降低而造成漏电引起的；四是线圈断股，采用多股导线绕制而成的线圈很容易发生断股，尤其是在引出线的焊接处。

7. 电感器的代换

电感器一旦损坏，就必须进行更换。更换时，应首先考虑两者的电感量是否一致。在没有相同电感量的电感器进行替代的情况下，应根据电路对电感器的要求，选择电感量处在允许误差范围内的电感器进行代换。

收录机中的电感线圈，特别是调谐回路中的电感线圈，其数值、精度要求较高，在更换时，最好选择同型号、同电感量的电感器进行代换，否则，会破坏收录机的灵敏度和选择性，使信号的接收能力和抗干扰能力下降。有些线圈先用导线绕制后再用石蜡进行固封，若维修时无合适的替代品，就只能重新绕制线圈。但应注意如果重绕后，若无专用的固封蜡，还是不封为好，切不可用一般的蜡进行固封。因为这些材料会导致电感量的改变，并引起线圈的 Q 值下降，使整机性能变坏。

有些电路对电感器的 Q 值并无特殊要求，如低频扼流圈、高频扼流圈等，只要选择电感量相同的电感器进行代换即可。

电感器的种类和规格很多，形状各异。在维修过程中，切不可随意进行代换，要根据电路对电感器的参数要求进行综合分析，然后再作出判断。例如，电路中使用的 LG1 小型固定电感器损坏了，而手头又无相同型号的电感器可代换时，若电路对该电感器的 Q 值要求不高，那么，可选用 LG2 型的同电感量的电感器进行代换，只是因外形不同，安装时会稍有不便。对有些用导线直接绕制的线圈，电路对它们都有特殊要求，一般要选择同型号、同规格的品种来进行代换。如果没有这种规格，可对线圈进行修理。修理方法如下：先拆下该电感器，细心检查引线的引出端，并小心地将线圈拆下，记下线圈缠绕的圈数，找出故障点并排除，然后再重新按原法、原圈数绕好。

一般情况下，固定电感器可用可变电感器进行代换。代换时，只要将可变电感器的电感量调整到原固定电感器的电感量即可。同时，要注意考虑管脚的安装尺寸、外形尺寸等问题。

总之，在选择电感器进行代换时，最好选择同型号、同参数的电感器进行代换。如没有同型号的电感器，可考虑用电感量、品质因数值、外形、安装尺寸（特别是对管脚有固定尺寸要求的电感器）相同或相近的电感器来代换，最后再考虑对电感器进行修复。

8. 互感器的测量

测量互感器时，也可以用电流电压法，其测量原理如图 3.17 所示。将第一个线圈 L_1

接入角频率为 ω 的电流电路中，并用电流表测量流过它的电流 I_1，在第二个线圈 L_2 的两端接上测量感应电动势 U_2 的电压表，因此电动势

$$U_2 = I_1 \omega M$$

所以

$$M = \frac{U_2}{I_1 \omega}$$

为了提高测量精度，测量必须在低于线圈固有谐振频率上进行，否则，由于线圈的谐振特性，会产生很大的测量误差。上式是从电感耦合的条件推出的，为了消除电容耦合的影响，线圈之间还要采用静电屏蔽。

电流电压法也可以用两次决定线圈电感的方法测量互感，即在线圈顺接和反接的情况下测量串联的被测电感线圈的总电感，如图 3.18 所示。

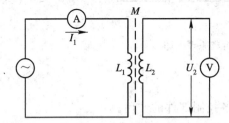
图 3.17　用电流电压法测量互感的电路

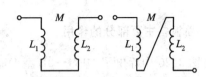
图 3.18　两次决定电感法测量互感电路

在线圈顺接时，互感电动势与自感电动势同相，总电感为最大，即

$$L_{\max} = L_1 + L_2 + 2M$$

在线圈反接时，互感电动势与自感电动势反相，总电感为最小，即

$$L_{\min} = L_1 + L_2 - 2M$$

两式相减，得到

$$M = \frac{L_{\max} - L_{\min}}{4}$$

应当注意，耦合度与频率将会影响 M 的测量精确度。耦合强时，$L_{\max} - L_{\min}$ 的差值是很小的，测量 M 的精确度降低。随着频率的升高，由于线圈的寄生电容和线圈间电容的影响将会使测量误差增大。

3.2　Q 表及其应用

Q 表是用于测量高频电感或谐振回路的 Q 值、电感器的电感量和分布电容量、电容器的电容量和损耗角正切值、电工材料的高频介质损耗等参数的专用仪器。

1. 基本组成

QBG—3B 型 Q 表的基本组成如图 3.19 所示，主要包括信号源、测量回路、Q 值指示器和电源 4 个组成部分。它采用串联谐振原理来测量电感量 L、品质因数 Q 和固有电容 C 等参数。为操作方便，将所有的控制旋钮均安装在仪器的面板上，在机器的左边是信号源，左上边是频率的数码指示器，左下边是频率分挡琴键开关；中间是 Q 值指示器、Q 值量程

开关、电源开关、Q 值调零和预置旋钮；右上边是测试电路的标准主调谐可变电容器及刻度盘，右下边是一个和主调电容器相并联的微调电容器及刻度盘。调试电路的接线柱在仪器的顶部，使被测件有足够的空间位置，并可避免在测试时人体产生的影响。

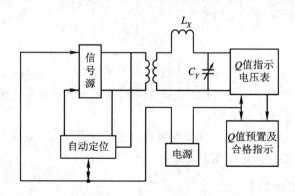

图 3.19　Q 表基本组成原理框图

2. 面板各主要部分的作用

在图 3.20 中标出了 QBG－3B 型 Q 表面板各控制部件的作用。

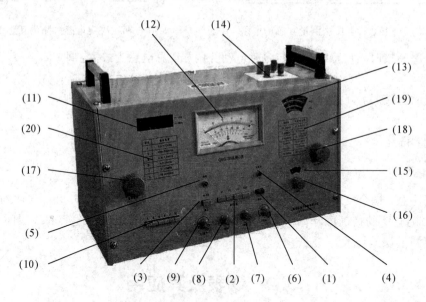

（1）电源开关按钮；（2）Q 值量程范围选择开关；（3）$\Delta Q/Q$ 指示按钮；（4）电源指示发光二极管；（5）Q 值合格指示灯；（6）Q 值预置电位器旋钮；（7）Q 值调零电位器旋钮；（8）Q 值细调零电位器旋钮；（9）Q 值调节电位器旋钮；（10）谐振频率调节分挡开关（共分六挡）；（11）频率数字显示窗口；（12）Q 值及 ΔQ 值指示表头；（13）电容、电感指示刻度盘；（14）测试回路接线柱；（15）微调电容 C 刻度盘（平时要将其指示在零位置）；（16）微调电容 C 旋钮；（17）谐振频率调节旋钮；（18）主调电容调节旋钮；（19）电感－谐振频率预置对照表；（20）谐振频率调整范围选择－分挡开关对照表

图 3.20　QBG－3 型 Q 表面板示意图

3. QBG-3B 型 Q 表技术性能

(1) Q 值测量范围：10~1000。Q 值量程被分为 0~30、30~100、100~300、300~1000 四挡。

(2) 电感测量范围：0.1 μH~100 mH。量程被分为 0.1~1 μH、1~10 μH、10~100 μH、0.1~1 mH、1~10 mH、10~100 mH 六挡。

(3) 电容测量范围：1~460 pF。其中主调电容器调节范围为 40~500 pF；微调电容器调节范围为 -3~0~+3 pF。

(4) 振荡频率范围：50 kHz~50 MHz。振荡频率被分为 50~150 kHz、150~500 kHz、0.5~1.5 MHz、1.5~5 MHz、5~16 MHz、16~50 MHz 六挡。

(5) Q 值合格指示预置范围：0~max(最大值)。

4. 使用方法

(1) 将仪器水平放置在工作台上；

(2) 对定位指示和 Q 值指示进行机械调零；

(3) 将"定位粗调"旋钮向减的方向旋到底，"定位零位校直"旋钮和"Q 值零位校直"旋钮置于中心偏右位置，微调电容器调到零；

(4) 接通电源(220 V，50 Hz)；

(5) 开通电源后，预热 3~5 min 以上，待仪器稳定后，分别调节"定位零位校直"旋钮和"Q 值零位校直"旋钮，使定位指示器和 Q 值指示器指到零位，即可进行测试；

(6) 将被测电感线圈连接到电感测试接线柱上；

(7) 估计被测件的 L 值，按电感-谐振频率对照表确定谐振频率，再根据谐振频率确定频率调整范围。确定谐振频率选择范围波段按钮的挡位后，再调整频率调节旋钮，使谐振频率指示在对应的频率点上；

(8) 将 Q 值范围按钮置于适当的挡位上；

(9) 调节定位粗调和定位细调旋钮，使 Q 值定位表指针指到 Q×1 处；

(10) 调节主调电容刻度盘和微调旋钮，使测量回路谐振，此时 Q 表的指示值为最大，由 Q 值指示表头读出的数值即为被测线圈的 Q 值，而从主调电容刻度盘上读出的电感值就是被测线圈的电感量。

5. 使用时的注意事项

(1) 被测件与测试电路接线柱之间的连接线应该尽量短和足够粗，并要接触良好可靠，以减少因接线电阻和分布参数所带来的测量误差。

(2) 每次测量之前一定要先调零，调零时应短接 L_x 的两端。

(3) 调节振荡频率和电容量时，若刻度已调到最大或最小，就不要继续再用力调，从而避免损坏仪器。

(4) 被测件不要直接搁在面板顶上，必要时可使用低损耗的绝缘材料(如聚苯乙烯等)做成的衬垫物。

(5) 不要把手靠近被测件，以免因人体感应的影响而造成测量误差。对于有屏蔽的被测件，屏蔽罩应连接在低电位端的接线柱上。

6. 用 Q 表测量电感 L

谐振法在高频段的无线电元件测试中已被广泛应用，Q 表正是基于谐振法的基本原理进行测量的。

1）Q 表的基本原理

谐振法测量电路如图 3.21 所示，是由 LC 组成的串联谐振回路。其中，U_S 是一个内阻极低的信号发生器，V_C 是高阻抗电压表。若调节信号发生器的频率，使 LC 回路谐振，此时的 V_C 指示值为最大，即

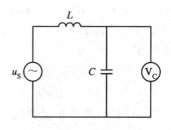

$$f_0 = \frac{1}{2\pi\sqrt{LC}}$$

$$U_C = QU_S$$

图 3.21　谐振法测量电路

式中，f_0 是信号发生器的频率；Q 是 LC 回路的品质因数；U_C、U_S 分别是电容两端电压和信号源两端电压。

在公式中只要知道其中任意两个参数就可以求出第三个参数。通常，信号频率 f_0 可由信号发生器读出。若 C 采用已知标准电容，就可由上式求出电感 L 值。同样，若 L 采用已知标准电感，就可求出电容 C 的值；若由电压表读出 U_S 和 U_C 的值，就可求出谐振回路的品质因数 Q。

图 3.22 是 Q 表的工作原理图，它由高频信号发生器和测试回路组成。图中①、②端是外接电感接线柱；③、④端是外接电容接线柱，在此两端已并联有标准电容 C_N，即面板上的主调电容 C_N' 和微调电容 C_N''，其值可由刻度盘上直接读出。③、④端之间的电压 U_C 可由面板上的 Q 值指示器（电压表）读出，根据 Q 值指示器的读数是否达到最大值就可判别回路是否已经达到谐振状态；R_1、R_2 是测试回路输入信号的分压电阻，它们由宽频带低阻值纯电阻构成，通常 R_2 值极小（在 0.01 至 0.1 Ω 之间），为 LC 谐振回路提供一个低内阻信号源，以保证接入不同 L_X、C_X 时，U_i 基本维持不变；定位指示器是用来指示高频信号发生器经耦合线圈加到测试回路的输出电压，调节面板上的"定位粗调"和"定位细调"旋钮就可控制发生器的输出电压幅度；信号发生器的频率可通过面板上的"频段选择"开关和"频率刻度盘"所对应的旋钮进行调节，其值亦可由刻度盘上直接读出。

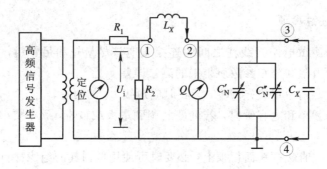

图 3.22　Q 表原理示意图

利用 Q 表既能十分方便地测出高频回路中的 L、C 及 Q 值，也能测出 L、C 的分布参数。

2) 用 Q 表测量线圈的电感量

由图 3.22 可知，只要将待测线圈 L_X 接入①、②端之间，再选择一个适当的信号频率 f_0 之后，利用 Q 表内部的标准电容 C'_N 和 C''_N，即调整标准电容 $C_N = C'_N + C''_N$ 的粗调和微调旋钮，使串联回路谐振，则有

$$L_X = \frac{1}{4\pi^2 f_0^2 C_N}$$

由于 f_0、C_N 都可由面板上的刻度盘读出，因此可算出 L_X 的值。但在实际的 Q 表测量仪器中，为了简化计算，先根据 L_X 的大小不同，选择一个固定的谐振频率 f_0。这样，L_X 与 C_N 就是单值对应关系，即 L_X 值可以直接用 C_N 的大小来刻度。换句话说，一旦调到谐振状态后，就可直接由 C_N 刻度盘上读出 L_X 的值，这样可免去繁琐的计算。

表 3 - 3 为电感—谐振频率对照表，在测量电感时，应先预估被测电感值，根据该电感值可在表 3 - 3 中选择与之对应的固定谐振频率，然后调整信号源的输出频率使其与该频率相同，再调整谐振回路的电容值使测量电路谐振，此时，Q 值指示器的读数应达到最大值，从电感指示刻度盘上可直接读出被测的电感值 L_X。

表 3 - 3 电感—谐振频率对照表

电感/μH	谐振频率/MHz	电感/mH	谐振频率/kHz
0.1～1.0	25.2	0.1～1.0	795
1.0～10	7.95	1.0～10	252
10～100	2.52	10～100	79.5

若考虑高频线圈分布电容的影响，在测量电感时必须先测出电感分布电容 C_0，再测量电感的真实值。高频电感线圈分布电容的测量方法是将被测线圈 L_X 连在接线柱上，将主调电容值调到最大，调信号源频率到谐振状态，令此时的谐振频率和调谐电容值分别为 f_1 和 C_1。然后，再将信号源频率调到 f_2（设 $f_2 = nf_1$），将微调电容旋钮调到零后再调主调电容旋钮使电路谐振，此时电容读数为 C_2，根据下式即可计算出分布电容值：

$$C_0 = \frac{C_1 - n^2 C_2}{n^2 - 1}$$

如取 $n = 2$，则 $C_0 = (C_1 - 4C_2)/3$。当已知分布电容后，根据电感 L_X 值对照表 3 - 3 选择频率，将电路调至谐振状态，记下主调电容值 C_1，然后再将主调电容调在"$C_1 + C_0$"值上，这时将刻度盘上的电感读数乘以对应的倍率就是所求电感的真实值。

3) 用 Q 表测量线圈的 Q 值

用 Q 表测量线圈 Q 值有两种方法：一是直接法，二是间接法。所谓直接法，就是 LC 串联回路谐振时，电容（或电感）两端的电压 U_C 等于输入电压 U_i 的 Q 倍。只要直接测出 U_C 和 U_i，即可求出 Q 值。为此，在图 3.22 中，只要将 L_X 接入①、②端，再选择适当的频率 f_0，调整 C_N 使回路谐振，记下谐振时的 U_C 和 U_i，从而求得回路的 $Q = U_C/U_i$。同样，为了省去繁琐的计算，在实际的 Q 表中，可使 U_i 保持一个固定的常数，如在 QGB - 3B 型

Q 表中，使 $U_i = 10\ \text{mV}$，则回路的 Q 值就可直接根据电容两端的电压 U_C 的大小来刻度。QBG－3B 型 Q 表面板上的定位调节旋钮和定位指示器就是用来调节和监视 U_i 是否保持一个常数的装置。而 Q 值指示器就是 U_C 的电压表，并按 Q 值进行刻度，所以由 Q 表可直接读出 Q 值。

用直接法测 Q 值的优点是简单、迅速。但由于 U_C 和 U_i 是由两只不同的电压表读数，两只电压表的精度差异必然会给测量结果带来误差。当不能对两只电压表进行精确的校准时，也可用间接法来测量回路的 Q 值。

所谓间接法，就是利用 LC 回路的谐振特性，根据电容与 Q 值的关系或频率与 Q 值的关系，通过两次测量，由电容或频率换算出回路 Q 值的方法。前者叫电容变量法，后者叫频率变量法。对于电容变量法，就是将 L_X 接入①、②端后，将 C_N 调到中间位置，然后调节信号发生器的频率，使回路谐振，记下此时的 Q_1 值与 C_{N0}。保持信号频率和定位指示不变，调标准电容 C_N 使回路失谐，记下当 Q 值下降到 $Q_2 = Q_1/\sqrt{2} = 0.707Q_1$ 处的两个电容值 C_{N1} 和 C_{N2}，从而可按下式求出回路的 Q 值

$$Q = \frac{2C_{N0}}{C_{N1} - C_{N2}}\sqrt{\left(\frac{Q_1}{Q_2}\right)^2 - 1} = \frac{2C_{N0}}{C_{N2} - C_{N1}}$$

对于频率变量法，其实质与电容变量法相同，只不过是先选择一个适当的信号频率 f_0，调电容 C_N 使回路谐振，记下此时的 Q_1 值；然后，改变信号频率，使回路失谐，记下当 Q 值下降到 $Q_2 = Q_1/\sqrt{2} = 0.707Q_1$ 处（注意使 C_N 和定位指示保持不变）的两个频率 f_1、f_2，如图 3.23 所示。根据回路的谐振特性即可求出 Q 值为

$$Q = \frac{f_0}{f_1 - f_2}\sqrt{\left(\frac{Q_1}{Q_2}\right)^2 - 1} = \frac{f_0}{f_2 - f_1}$$

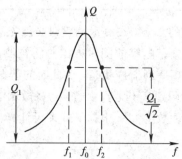

图 3.23　Q 值变化示意图

显然，从上述两种方法的测试结果可以看出，电容变量法的测试精度取决于调谐电容的精度。而频率变量法的测试精度主要取决于信号发生器的频率精度。对于 QBG－3B 型 Q 表来说，由于可以借助于微调电容来提高电容读数的精度，故电容变量法比频率变量法用得更为广泛。如果待测线圈的 Q 值很高，则无论是电容变化量 ΔC_N（$\Delta C_N = C_{N2} - C_{N1}$），还是频率变化量 Δf（$\Delta f = f_2 - f_1$）都将非常小，在 QBG－3B 型 Q 表中 ΔC_N 和 Δf 都是很难精确读出的。因此，间接法只适用于 Q 值不太高（一般在 50 以下）的情况，否则读数误差太大。

图 3.24 是 QBG－3 型 Q 表面板示意图，其测量原理与 QBG－3B 型 Q 表大体相同。

主要区别是谐振指示器采用了刻度盘指示，读出的电感值要再乘以倍率。

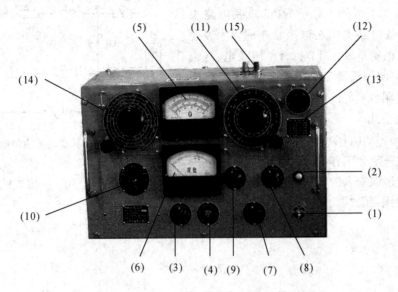

(1) 电源开关；(2) 电源指示灯；(3) 定位零位校直；(4) Q 值零位校直；(5) Q 值指示表头；
(6) Q 值定位指示表头；(7) Q 值范围选择旋钮；(8) 定位粗调；(9) 定位细调；
(10) 频段选择旋钮；(11) 主调电容旋钮－电感指示刻度盘；(12) 微调电容旋钮；
(13) 电感－谐振频率－倍率对照表；(14) 谐振频率选择刻度盘；(15) 器件接线端子

图 3.24　QBG－3 型 Q 表面板示意图

实训 3.2　电感应用电路的测试

1. 实训目的

(1) 熟练掌握电感元件的识别与测量方法。
(2) 熟练掌握基本仪器仪表(万用表、Q 表、示波器、信号源)的功能和使用方法。
(3) 进一步了解分析和测量谐振电路的基本方法和步骤。

2. 实训设备与器件

(1) 实训设备：低频信号源 1 台，交流微安表 1 块，QBG－3B 型 Q 表 1 台，示波器 1 台。
(2) 实训器件：电阻元件，电感元件，电容元件。

3. 实训电路与说明

在图 3.25 所示的桥式电感测量电路中，分别由 R_1、R_2、R_0、R_3、L_x、R_n、C_n 构成电桥的四个桥臂。用低频信号源提供交流电，用微安表 G(或万用表)测量 A、B 间的电流。

当调节电源频率(或桥臂电阻及电容)时，可使微安表指示的电流值为零(理想状态)，此时，电桥的工作状态称为平衡状态。由于其中三个桥臂均为纯电阻，故在电桥平衡时，

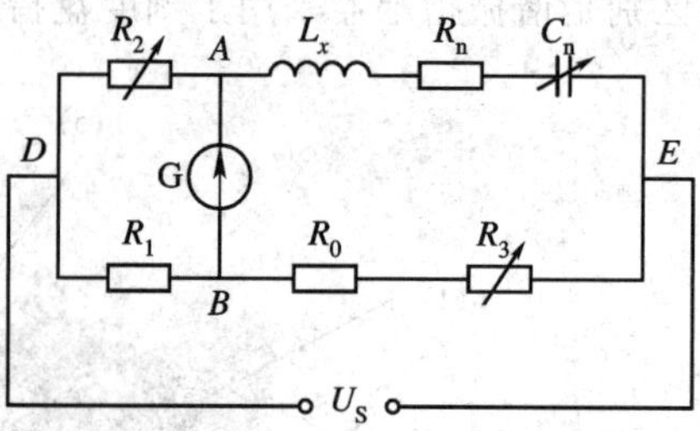

包含有被测电感 L_X 的桥臂也必为纯电阻性
的。由实训 3.1 可知，对于 RLC 串联电路来
说，只有当该电路工作在谐振状态时，才表现
为纯阻性。也就是说，调节桥臂电阻及电容(或
电源频率)，使该桥臂工作在谐振状态时，该桥
臂呈现为纯阻性，若该桥臂电阻与其他桥臂电
阻之间满足公式

$$R_1 R_n = R_2 R_3$$

时，电桥就一定会工作在平衡状态，而电桥一

图 3.25　桥式电感测量电路

旦平衡，流过微安表的电流应为零(理想状态下)。此时由 L_X、R_n、C_n 所构成的这一桥臂各
参数之间应满足公式

$$L_X = \frac{1}{4\pi^2 f_0^2 C_n}$$

且

$$R_n = \frac{R_2 R_3}{R_1}$$

可见只要已知电阻、电容及信号源频率就能方便地计算出电感 L_X 的值。

4. 实训内容和步骤

(1) 按图 3.25 接线，设 $R_1 = R_2 = R_n = 100\ \Omega$，$R_0 = 50\ \Omega$，$R_3$ 为 $0 \sim 100\ \Omega$ 可调电阻，
$L_X = 5.6\ \text{mH}$，可变电容用 $C_n = 0.1\ \mu\text{F}$ 的瓷片电容替代。

(2) 首先用 Q 表测出电感 L_X 的电感值，并与标示值相对照。将信号源输出的 U_S 幅值
调到 3 V，频率调到 10 kHz。

(3) 用导线替代电容 C_n 后，将直流电压(3 V)接到 D、E 两端作为电桥供电，调节可
变电阻 R_3，观察微安表指针位置的变化，当指针指在 0 A 时，电桥处于平衡状态。此时再
将电容接回原处，用交流信号源替代直流电源，观察微安表指针位置的变化。

(4) 调整信号源频率，观察微安表指针的变化，当频率调到某一点使指针指示值为最
小时，若再调整信号源频率使其偏离(增大或减小)该频点，微安表指示值都将增大，那么
该频点的频率值就是谐振频率。

(5) 根据已知电感 L_X 和电容 C_n 的值计算出理想状态下的谐振频率值 f_0。将谐振时信
号发生器的输出频率与通过计算得到的频率 f_0 相比较，实际谐振频率一般比计算值略高。
调试时，用双踪示波器观察信号源输出频率和幅值的变化，也可用示波器替代微安表观察
输出信号的变化。

(6) 将电感值为 mH 级的未知电感 L_X 接在电桥中，重复步骤(3)、(4)，待测出谐振频
率后，按上述公式计算出该电感值，然后再用 Q 表测量该电感值，将两者结果进行比较。

(7) 用电感值为几十微亨的自制电感线圈来替代电桥电路中的 L_X 时，应选择高频信
号源。

【本章小结】

电感器的主要特性是贮存磁场能。由于它一般是采用金属导线绕制而成的，存在绕线

电阻和线圈匝与匝之间的分布电容,对于有磁心的电感,还存在磁性材料的损耗电阻,因此,在使用时应考虑它们对电路的影响。但应用在工作频率较低的场合时,分布电容可忽略不计,此时只需考虑电感量和损耗(Q 值)两部分内容。电感线圈有直标法和色标法两种标志方法。

　　在交流电路中,电感的作用随信号频率的变化而不同:频率越高,电感器对电流的阻碍作用就越大,反之就越小。若在直流电路中,则相当于短路。在应用中,除具有自感作用的电感线圈外,还有具有互感作用的电感线圈,如变压器线圈等。电感器除可用于谐振电路外,还常被用于无线电发射与接收电路、振荡电路、耦合电路、阻抗匹配电路、滤波电路等。

　　使用万用表可方便快速地测量电感值,在一些电器和仪表的维护修理中常被采用,但测量结果不够精确。通常在对测量结果要求不是很高且没有专用仪器的情况下,也可采用简单的谐振法测量电感值,但测出的电感值一般误差较大,所以,在要求较高的场合下,应采用专用仪器。

　　Q 表是根据谐振原理制成的专门用来测量电感量、品质因数、电容值等参数的仪器,又称为品质因数测量仪。采用 Q 表可准确地测量电感值,在分析、设计和生产中被广泛使用。目前,也常采用数字测量法来测量元件的参数,即利用数字电子技术和计算机技术实现对被测器件的测量,它能方便地显示出被测元件的性质、大小及单位,并自动消除分布电容、引线等因素的影响,使测量更准确。

习　题　3

　　3.1　已知一电感的色环标志依次为黄、紫、红、金,试确定该电感值。

　　3.2　电感元件对交流信号有何作用?这种作用与信号的频率有何关系?

　　3.3　应采用什么方法判断电感元件的好坏?

　　3.4　品质因数 Q 的含义是什么?电感量 L 的大小与哪些因素有关?

　　3.5　QBG-3B 型 Q 表定位指示器的作用是什么?

　　3.6　为何要预先估计被测电感值的大小范围,并通过对照表 3-3 确定出相应的频率?该频率的作用是什么?

　　3.7　调整 Q 表的"主调电容旋钮"和"微调电容旋钮"的目的是什么?为何要将 Q 值指示器的指针指在最大值时才能读出被测电感值和 Q 值?

　　3.8　若考虑电感分布电容的影响,应如何测量才能得到准确的电感值?

　　3.9　用导线在笔杆上绕 20 圈,制成空心电感器,试用 Q 表测出该电感器的电感量和 Q 值,若增大线圈的匝数或绕制密度,电感量 L 和 Q 值将如何变化?

　　3.10　如何用 Q 表测量标称值为 1000 pF 的电容?试叙述测量过程。

　　3.11　在用伏安法测量电感时,如图 3.16 所示,如果取 $R=1\ \text{k}\Omega$,输入电压频率 $f=100\ \text{Hz}$,调节输入电压使 $U_R=1\ \text{V}$,试求 L_X 值。这种方法是否适于测量高频电路中的电感值?

　　3.12　图 3.25 所示电路能否用来测量电容?若能,请叙述测量步骤。

第 4 章　晶体二极管的特性及其应用

　　半导体器件是近代电子学的重要组成部分。由于半导体器件具有体积小、重量轻、使用寿命长、输入功率小和功率转换效率高等优点，因而得到了广泛的应用。二极管是电子电路中常用的电子元器件之一，它主要起开关、限幅、钳位、检波、整流和稳压的作用。本章采用晶体管特性图示仪对二极管的特性进行测试，通过二极管在具体电路中的实际应用来了解二极管，最后在理论上对二极管加以简单介绍。

实训 4.1　晶体二极管特性测试及其应用

1. 实训目的

（1）了解二极管的基本特性。
（2）学会使用晶体管特性图示仪。
（3）掌握二极管在电路中的开关和稳压作用。

2. 实训设备与器件

　　（1）实训设备：输出电压可调的直流稳压电源 1 台，示波器 1 台，信号发生器 1 台，晶体管特性图示仪 1 台，万用表 1 台，面包板 1 块。

　　（2）实训器件：二极管 2CP31、2CW11 各 1 只，电阻 RJ 51 kΩ 2 只，电位器 WXX 600 Ω 2 W 1 只，导线若干。

3. 实训电路与说明

　　图 4.1 为由二极管 2CP31 组成的单相半波整流电路，u_i 为正弦交流电压，R_L 为负载电阻，u_o 为半波整流后的直流电压，这一电路的功能是把交流电变成直流电，这一过程称为整流。这种方法具有经济、简单的特点，在日常生活及电子电路中经常采用，根据这个原理还可以构成整流效果更好的单相全波整流、单相桥式整流等电路，这将在以后的课程中详细介绍。

　　当电网电压发生波动时，经整流输出的脉动直流电压也发生大小变化，这对于一些负载而言是不允许的，而直流稳压电路的作用就是使输出电压在一定范围内保持不变。

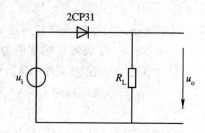

图 4.1　由二极管组成的单相半波整流电路

　　图 4.2 所示为由二极管 2CW11 组成的直流稳压电路,它的核心器件是稳压二极管 2CW11,它工作在反向击穿区。U_i 为整流后输出的非平稳直流电压,R 为限流电阻,用以防止反向电流过大而烧毁稳压管,R_L 为负载电阻,U_o 为直流稳压电源输出的较平稳的直流电压。

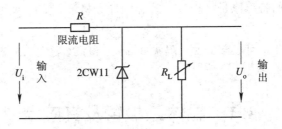

图 4.2　由稳压二极管组成的直流稳压电路

4. 实训内容与步骤

　　(1) 检测元器件:用晶体管特性图示仪测试二极管的性能,要求掌握晶体管图示仪的使用方法;用万用表检测电阻、电位器参数。

　　(2) 电路连接:按图 4.1、4.2 连接电路,注意二极管的极性不要接反,对于图 4.1 所示的电路,将信号发生器的正弦波输出电压调到 50 Hz,电压峰值调到 5 V 左右。对于图 4.2 所示的电路,通电前应将直流稳压电源的输出控制在 10 V 以内。

　　(3) 二极管的开关、整流作用测试:连接好图 4.1 所示的电路之后接通电源,使 u_i 缓慢增加,用双踪示波器的两个通道同时观察 u_i 和 u_o 的波形。从输出电压 u_o 的波形可以看出,正弦交流电经二极管整流后,变成了脉动直流电(极性不变,幅值变化),并且发现二极管只有在承受正向电压时才导通,承受反向电压时不导通。利用二极管这一特性,在电路中对电流进行控制,既起到了"接通"或"关断"的开关作用,又起到了限制电流流动方向的作用,从而把交流电变成脉动的直流电。

　　(4) 二极管稳压作用测试:接好图 4.2 所示电路后,按表 4-1 的要求调整 U_i 和 R_L 的取值,限流电阻 R 取 200 Ω,R_L 的取值为 300～600 Ω。通电后,首先检查元器件是否有发热过快、冒烟等异常现象:如果有,应立即断电检查,排除故障;如果没有,则测量 U_o 在表 4-1 所示的几种情况下的实际值,将测量结果填入表 4-1 中,以便进行分析。

　　对实测结果进行分析,可以看出:U_i 和 R_L 在一定范围内分别或同时发生变化时,U_o 都基本保持不变,这是利用二极管的电流调节作用来完成的,这时二极管工作在稳压状态。

表 4-1　二极管稳压作用测试

条件＼电压值	U_o/V
$R_L = 400$ Ω, $U_i = 5$ V	
$R_L = 400$ Ω, $U_i = 6$ V	
$R_L = 400$ Ω, $U_i = 7$ V	
$U_i = 10$ V, $R_L = 300$ Ω	
$U_i = 10$ V, $R_L = 400$ Ω	
$U_i = 10$ V, $R_L = 500$ Ω	

5. 实训总结与分析

　　(1) 从实训中可以看出,半导体二极管有着不同于电阻、电容及电感的独特性能,它的最大特点是具有单向导电性:承受正向电压时，它的电阻很小，处于导通状态，此时的压降很小且几乎保持不变；承受反向电压时，它的电阻很大，反向漏电流很小，电路断路。

（2）用万用表的不同欧姆挡测量二极管的正向电阻时，会有很大的差别，这是由二极管的非线性特性所引起的。

（3）半导体内部的特殊原子结构和其特殊的导电机理，使得由其制成的电子元器件具有许多不同的特性。

（4）二极管在电路中可以起开关、限幅、钳位、检波、整流、发光及稳压等作用，在下节内容中将作专门的介绍。

4.1　晶体二极管及其应用

4.1.1　晶体二极管的结构

1. 半导体概述

在自然界中存在着各种物质，它们的导电性能是不同的。按照其导电能力的强弱，可以分为三大类，即导体、半导体和绝缘体。我们把导电能力特别强的物质称为导体，例如铜、铝、银等金属；而导电能力非常差、几乎不传导电流的，我们把它们称为绝缘体，如橡皮、塑料、陶瓷、木材等；半导体就是导电性能介于导体和绝缘体之间的一类物质，如锗、硒、砷化镓、一些硫化物和氧化物等。半导体在现代电子技术中应用十分广泛，这不仅因为其导电性能介于导体和绝缘体之间，更为重要的是半导体的导电能力具有不同于其他物质的一些特点，即其导电能力受外界因素的影响十分敏感，这主要表现在以下三个方面：

（1）热敏性，即半导体的导电能力随着温度的升高而增加。

（2）光敏性，即半导体的导电能力随着光照强度的加强而增加。

（3）杂敏性，即半导体的导电能力因掺入适量杂质而有很大的变化。

半导体之所以具有上述特性，其根本原因在于其物质内部的特殊原子结构和其特殊的导电机理。我们把完全纯净的、具有晶体结构的半导体称为本征半导体；用特殊工艺掺入适量的杂质后形成的半导体称为杂质半导体。半导体中有两种载流子：自由电子和空穴。本征半导体中两种载流子浓度相同，杂质半导体中两种载流子浓度不同。杂质半导体有 N 型和 P 型之分：在 N 型半导体中，自由电子是多子，空穴是少子；在 P 型半导体中，空穴是多子，自由电子是少子。本征半导体和杂质半导体都是电中性的。

2. PN 结

电子半导体（N 型半导体）和空穴半导体（P 型半导体）结合后，在它们的交界面附近形成了一个很薄的空间电荷区，它就是 PN 结，其形成示意图如图 4.3 所示。

PN 结的基本特性是单向导电性。在图 4.4 所示的电路中，将 PN 结的 P 区接外加电源的正极，N 区接外加电源的负极，这种情况为给 PN 结加正向偏置电压，简称正偏，此时PN 结处于导通状态，正向电阻很小；将 PN 结的 P 区接外加电源的负极，N 区接外加电源的正极，这种情况为给 PN 结加反向偏置电压，简称反偏，此时 PN 结处于截止状态，反向

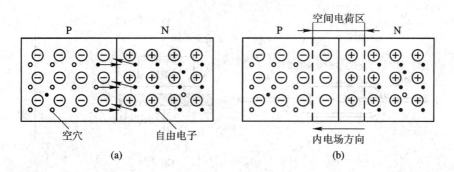

图 4.3　PN 结的形成

电阻很大。

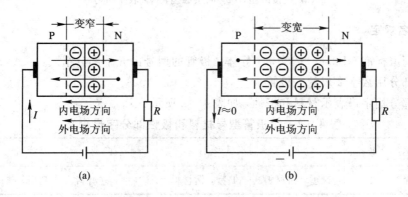

图 4.4　PN 结的单向导电性

（a）PN 结加正向电压；（b）PN 结加反向电压

3. 半导体二极管

把一个 PN 结加上两根引线，再加上外壳密封起来，便构成了二极管。从 P 区引出的电极称为二极管的阳极 A（也称为"＋"极），从 N 区引出的电极称为二极管的阴极 K（也称为"－"极）。在电路中用如图 4.5 所示的符号表示。

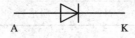

图 4.5　二极管的符号

4.1.2　晶体二极管的分类及命名

1. 二极管的分类

半导体二极管的种类很多，按材料分，有锗二极管、硅二极管和砷化镓二极管等；按结构分，有点接触二极管和面接触二极管等；按工作原理分，有隧道二极管、雪崩二极管、变容二极管等；按用途分，有检波二极管、整流二极管、开关二极管、稳压二极管、发光二极管等。图 4.6 为点接触二极管和面接触二极管的结构示意图。

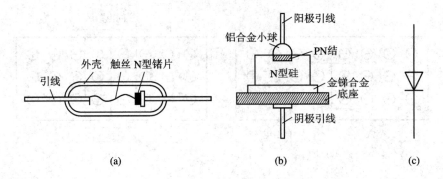

图 4.6　点接触二极管和面接触二极管的结构示意图
（a）点接触型；（b）面接触型；（c）表示符号

2. 命名规定

根据国家标准 GB249－1989，半导体二极管的型号由五个部分组成：

第一部分用数字 2 表示二极管。

第二部分用字母表示材料和极性，如表 4－2 所示。

表 4－2　二极管型号材料和极性部分字母含义

字　母	A	B	C	D
含　义	N 型，锗材料	P 型，锗材料	N 型，硅材料	P 型，硅材料

第三部分用字母表示类型，如表 4－3 所示。

表 4－3　二极管型号类型部分字母含义

字　母	含　义	字　母	含　义	字　母	含　义
P	普通管	Z	整流管	U	光电器件
V	微波管	L	整流堆	K	开关管
W	稳压管	S	隧道管	B	雪崩管
C	参量管	N	阻尼管		

第四部分用数字表示序号。

第五部分用字母表示规格。

例如，

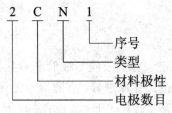

3. 常用二极管的外形图

常用二极管的外形如图 4.7 所示。

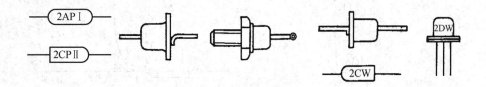

图 4.7　常用二极管的外形图

我们把常用二极管的原理、特点及用途归纳于表 4 - 4 中。

表 4 - 4　常用二极管特性及用途表

名　　称	原理、特点	用　　途
整流二极管	多用硅半导体制成，利用 PN 结单向导电性	把交流电变为脉动直流电，即整流
检波二极管	常用点接触式，高频特性好	把调制在高频电磁波上的低频信号检出来
稳压二极管	二极管反向击穿时，两端电压不变	稳压限幅，过载保护，广泛用于稳压电源装置中
开关二极管	正偏压时二极管电阻很小，反偏压时电阻很大，具有单向导电性	在电路中对电流进行控制，起到"接通"或"关断"的开关作用
变容二极管	PN 结电容随着加到管子上的反向电压的大小而变化	在调谐等电路中取代可变电容器
高压硅堆	把多只硅整流器件的芯片串联起来形成一个整体的高压整流器件	用于高频高压整流电路
阻尼二极管	反向恢复时间小，能承受较高的反向击穿电压和较大的峰值电流，既能在高频下工作又具有较低的正向电压降	多用于电视机行扫描电路中的阻尼和整流电路中
发光二极管	正向电压为 1.5～3 V 时，只要正向电流通过，就可发光	用于指示，可组成数字或符号的 LED 数码管

4.1.3　晶体二极管的特性曲线

二极管的两端电压 U 和流过它的电流 I 之间的关系，称为它的伏安特性。这一特性可以在坐标系中用曲线来表示，称为伏安特性曲线，如图 4.8 所示。对二极管的伏安特性，可以分为三个部分加以说明。

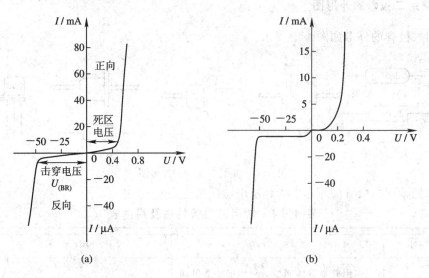

图 4.8　晶体二极管的伏安特性曲线

1. 正向特性

对应于图 4.8 中 U 大于零的曲线段称为正向特性，此时随着二极管的正向电压的增加，流过管子的电流也增大，这时管子呈现出较小的正向电阻。

但是，在正向特性的起始部分，由于正向电压较小，外电场还不足以克服 PN 结的内电场，因此，这时的正向电流几乎为零，二极管呈现出一个大电阻，好像有一个门槛，我们把这个电压称为门槛电压（又称为死区电压）。硅管的门槛电压约为 0.5 V，锗管的约为 0.1 V。当正向电压大于门槛电压时，内电场被大大削弱，电流因而增长很快。

2. 反向特性

当二极管承受一定范围内的反向电压时，反向电场使 PN 结变厚，P 型和 N 型半导体中的少数载流子可以通过 PN 结，但由于载流子的数目很少，因此反向电流是很小的，几乎保持不变。PN 结的反向电流又称为反向饱和电流，这时二极管呈现很高的电阻。

3. 反向击穿特性

当反向电压增加到一定程度后，反向电流剧增，这时二极管发生反向击穿，我们把开始击穿时的反向电压称为反向击穿电压。这时，如果对电流不加以限制，二极管就会被烧毁。在此顺便提出，稳压二极管是一种特殊形式的二极管，它被反向击穿后具有可恢复性，其正常工作在反向击穿状态，当通过它的反向电流在很大范围内变化时，其两端的电压变化却很小，故能起到稳定电压的作用。由"击穿"转化为"稳压"的决定条件是外电路中必须有限制电流的措施，使电击穿不致引起热击穿而损坏稳压二极管。稳压二极管的伏安特性曲线如图 4.9 所示。

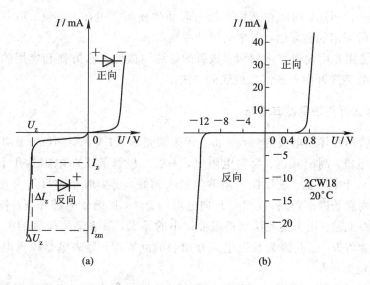

图 4.9　稳压二极管的伏安特性曲线

4.1.4　晶体二极管的主要技术参数

1. 最大整流电流

最大整流电流是管子长期运行允许通过的最大正向平均电流，它由 PN 结的面积和散热条件决定。使用时应注意通过二极管的平均电流不能大于这个数值，并满足散热条件，否则将导致二极管的损坏。

2. 反向击穿电压

反向击穿电压指管子反向击穿时的电压值。击穿时，反向电流剧增，单向导电性被破坏，甚至因过热而烧坏。一般手册上给出的最高反向工作电压约为击穿电压的一半，以确保管子的安全运行。

3. 反向电流

反向电流指管子未击穿时的反向电流，其值愈小，则管子的单向导电性愈好。由于温度增加，反向电流会急剧增加，因此在使用二极管时要注意温度的影响。

硅管和锗管的性能有所不同：

（1）锗管正向压降比硅管小，为 $0.1 \sim 0.3$ V，硅管为 $0.5 \sim 0.7$ V。

（2）锗管的反向饱和漏电流比硅管大，一般为数十至数百微安，而硅管为 $1\ \mu$A 或更小。

（3）锗管耐高温性能不如硅管，最高工作温度一般不超过 $100℃$，而硅管可以工作在 $200℃$ 的温度下。

4.1.5　晶体二极管的简易测试

二极管的正常工作需要一定条件，若超过允许范围，则可能使晶体管不能正常工作，甚至会遭到永久性损坏，因而在选用二极管时切勿使工作电压、电流、功率、频率等参数值超过手册中所规定的极限值，并根据设计原则留有一定余量。

在使用前，用万用表粗略地判别二极管的好坏与极性是很方便和实用的。下面分别介绍用指针式和数字式万用表测试二极管的方法。

1. 用指针式万用表测试二极管

（1）二极管的好坏及电极的判别。将万用表调到 $R \times 1\,k$ 挡，用红、黑两表笔分别接触二极管的两个电极，测出其正、反向电阻值，一般二极管的正向电阻为几十欧到几千欧，反向电阻为几百千欧以上。正反向电阻差值越大越好，至少应相差百倍为宜。若正、反向电阻都为零，则管子内部短路；若正、反向电阻均为∞，则管子内部开路；若正、反向电阻接近，则管子性能差。用上述测法测得阻值较小的那次，黑表笔所接触的电极为二极管的正极，另一端为负极。这是因为在磁电式万用表的欧姆挡，黑表笔是表内电池的正端，红表笔是表内电池的负端。

用不同类型的万用表或同一类型的万用表的不同量程去测二极管的正向电阻时，所得结果是不同的。一般不用 $R \times 1$ 挡或 $R \times 10\,k$ 挡去测小功率点接触型二极管，以防电流过大或电压过高而损坏被测二极管。

（2）二极管类型的判别。经验证明，用 500 型万用表的 $R \times 1\,k$ 挡测二极管的正向电阻时，硅管为 6～20 KΩ，锗管为 1～5 kΩ。用 2.5 V 或 10 V 电压挡测二极管的正向导通电压时，一般锗管的正向电压为 0.1～0.3 V，硅管的正向电压为 0.5～0.7 V。

（3）硅稳压管与普通硅二极管的判别。首先利用万用表的低阻挡分出管子的正、负极，然后测其反向电阻值。若在 $R \times 1$、$R \times 10$、$R \times 100$、$R \times 1\,k$ 挡上测出的反向电阻均很大，而在 $R \times 10\,k$ 挡上测出的反向电阻值却很小，说明此时管子已被电击穿，该管为稳压管；若在 $R \times 10\,k$ 挡上反向电阻仍很大，说明管子未被击穿，该管是普通二极管。几种硅整流管的实测数据如表 4－5 所示，此种方法只能对稳压值小于表内电池电压时才有效。

表 4－5　几种硅整流管的实测数据

型　号	电阻挡	正向电阻	反向电阻	n/格	U_F/V
1N4001	$R \times 1\,k$	4.4 kΩ	∞	—	—
	$R \times 1$	10 Ω	∞	25	0.75
1N4007	$R \times 1\,k$	4.0 kΩ	∞	—	—
	$R \times 1$	9.5 Ω	∞	24.5	0.735
1N5401	$R \times 1\,k$	4.0 kΩ	∞	—	—
	$R \times 1$	8.5 Ω	∞	23	0.69

2. 用数字式万用表测量二极管

用数字式万用表也可判别二极管的极性、是硅管还是锗管以及其好坏，但在测量方法上与上述指针式万用表不同。

（1）极性判别。将数字万用表置于二极管挡，红表笔插入"V·Ω"插孔，黑表笔插入"COM"插孔，这时红表笔接表内电源正极，黑表笔接表内电源负极。将两支笔分别接触二极管的两个电极，如果显示溢出符号"1"，说明二极管处于截止状态；如果显示在 1 V 以下，说明二极管处于正向导通状态，此时与红表笔相接的是管子的正极，与黑表笔相接的是负极。

（2）好坏的测量。将数字式万用表置于二极管挡，红表笔插入"V·Ω"插孔，黑表笔插"COM"插孔。当红表笔接二极管的正极、黑表笔接二极管的负极时，显示值在 1 V 以下，当黑表笔接二极管的正极、红表笔接负极时，显示溢出符号"1"，表示被测二极管正常。若两次测量均显示溢出，则表示二极管内部断路；若两次测量均显示"000"，则表示二极管已击穿短路。

（3）硅管与锗管的测量。量程开关位置及表笔插法同上，红表笔接被测二极管的正极，黑表笔接负极，若显示电压为 0.5～0.7 V，说明被测管是硅管；如果显示电压为 0.1～0.3 V，说明被测管是锗管。用数字式万用表测二极管时，不宜用电阻挡测量，因为数字式万用表电阻挡所提供的测量电流太大，而二极管是非线性元件，其正、反向电阻与测试电流的大小有关，所以，用数字式万用表测出来的电阻值与正常值相差较大。

4.2　晶体管特性图示仪及其应用

1. 晶体管特性图示仪的基本功能

晶体管特性图示仪是一种能在示波管荧光屏上直接观察晶体管各种特性曲线的专用仪器。通过面板上控制开关的转换，能够测定晶体二极管的伏安特性，还可测量三极管的共射、共集和共基电路的输入特性、输出特性、电流放大特性和反向饱和电流、击穿电压等，此外，它还能进行普通二极管、稳压管、场效应管、可控硅、单结晶体管等元器件的各种交流和直流参数的测试。

2. 晶体管特性图示仪的基本组成

（1）基极阶梯波发生器：用以提供必需的基极电流。

（2）集电极扫描电压发生器：用以提供从零开始可变的集电极电源电压。

（3）同步脉冲发生器：用来使基极阶梯波信号和集电极扫描电压保持同步，以稳定地显示出特性曲线。

（4）测试转换开关：用以转换不同的测试接法和不同类型的半导体器件的特性曲线和参数。

（5）放大和显示电路：用以显示被测器件的特性曲线。它的作用原理和电路形式与普通示波器基本相同。

（6）电源电路：为各部分电路供电。

3. XJ4810 型晶体管特性图示仪的面板

XJ4810 型晶体管特性图示仪的面板实物图如图 4.10 所示，它包括以下部分：

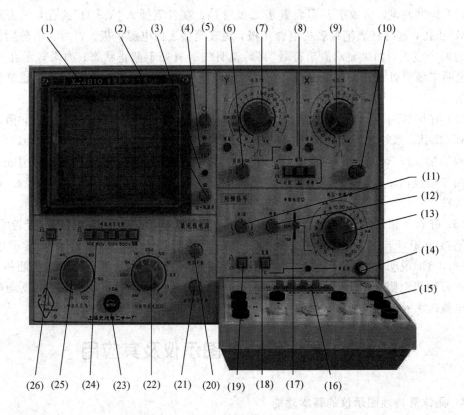

图 4.10　XJ4810 型晶体管特性图示仪的面板实物图

（1）荧光屏；

（2）电源开关：拉出为接通，右旋为增加亮度；

（3）电源指示灯；

（4）聚焦旋钮；

（5）辉度旋钮；

（6）上下位移旋钮：调整波形上下位置（"拉出 * 0.1"表示特性曲线在 Y 轴方向上扩大 10 倍）；

（7）Y 轴选择旋钮（电流/度）：用于表示每一纵格代表集电极电流 I_C 的数值，有 μA、mA、A、阶梯信号、外接等多挡选择，常选用 1 mA 挡；

（8）显示部分：有"转换"、"接地"、"校准"三个选择按钮，按"转换"按钮，显示对角倒相图形，"接地"按钮用于调整零电流值；

（9）X 轴选择旋钮（电压/度）：用于表示显示屏上每一横格代表的 U_{CE}、U_{BE} 等电压的数值，常选 2 V 挡为宜；

（10）左右位移旋钮；

（11）"级/簇"旋钮：可调整输出特性的簇数，簇数为 1 ～ 10；

（12）"调零"旋钮；

（13）"电压－电流/级"选择开关：当选用"电流/级"时，表示基极电流 I_B 的大小；

（14）单簇按钮；

（15）晶体管管脚插座孔：左、右两边均有 C、B、E 等插孔；

（16）测试选择按钮：有"左、零电压、二簇、零电流、右"五个选择按钮，当需同时观察左、右两个晶体管的特性曲线时，就按下"二簇"按钮，这通常用于晶体管的配对选择；

（17）"串联电阻 Ω"拨动开关：有 0、10 k、1 M 三挡；

（18）"重复/关"选择按钮：当按下"关"后，红灯亮，按"单簇"时，每按一次，显示一次曲线；

（19）基极电源 U_{BB} 极性切换按钮；

（20）电容平衡旋钮；

（21）辅助电容平衡旋钮；

（22）功耗限制电阻旋钮：有 0～0.5 MΩ 多级选择，常选用 1 kΩ 挡；

（23）保险管：1.5 A，用于过载保护；

（24）峰值电压范围切换按钮：有 10 V、50 V、100 V、500 V、AC 五挡；

（25）峰值电压％调节旋钮：在所选定的电压范围内，一般从零逐渐增大，用于改变 U_{CC} 的大小；

（26）集电极电源极性切换按钮：弹出时 U_{CC} 为正，按入时则为负。

4. 晶体管特性图示仪的一般使用方法

（1）开启电源，并预热 3～5 min。

（2）调好辉度、亮度、标尺等。

（3）根据被测管的类型及观测要求，调整好坐标原点的位置。如果要使用阶梯信号，应调节阶梯信号的零点。

（4）根据待测曲线坐标参量（电流或电压）的要求，分别选择好 X、Y 轴选择旋钮的挡位。

（5）根据被测管的类型和接地要求，选择好阶梯信号中各开关的正确位置。

（6）根据被测管的类型和极限参数，选择好集电极扫描信号的峰值电压的极性、范围和功耗限制电阻。

（7）在插好管子前，不要按下测试台的"测试选择"按钮。

（8）逐步加大扫描电压，在显示屏上便可显示出待测特性曲线。

（9）测试结束后，应将集电极扫描电压的范围调到"10 V"，峰值电压调到"0"位，功耗限制电阻调到最大值，并关断电源。

5. 二极管的测试

（1）二极管正向特性的测试（以 2CP10 硅二极管为例）。

① 面板各旋钮预置：X 轴选择旋钮置于"0.1 V/度"挡，Y 轴选择旋钮置于"1 mA/度"挡，峰值电压范围调到"10 V"挡，峰值电压调到"0"位，峰值电压的极性置于"＋"位置，功耗限制电阻置于"1 kΩ"。

② 二极管插入左边插座，正极插"C"孔，负极插"E"孔，按下"测试选择"的"左"按钮。

③ 逐渐升起峰值电压（小于 1 V），在荧光屏上即有曲线显示，再微调有关的旋钮，可得到如图 4.11（a）所示的正向特性曲线部分。从曲线上可以读得死区电压的数值约为 0.5 V。

（2）二极管反向特性测试。在正向特性测试的基础上，退回峰值电压，将峰值电压范围调到"100 V"挡，将峰值电压极性调到"一"，X 轴选择旋钮置于"2 V/度"挡，Y 轴选择旋钮置于"1 mA/度"挡，再逐渐升起峰值电压，荧光屏上即有曲线显示，再微调有关的旋钮，可得到如图 4.11(a) 所示的反向特性曲线部分，从曲线上可以读得反向击穿电压的数值约为 50 V。

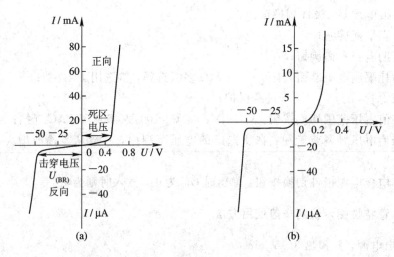

图 4.11　晶体二极管的实测伏安特性曲线

(a) 2CP10 硅二极管；(b) 2AP2 锗二极管

实训 4.2　晶体二极管的应用

1. 实训目的

（1）进一步了解二极管的基本特性。

（2）学会使用晶体管特性图示仪。

（3）掌握二极管在电路中的限幅作用。

2. 实训设备与器件

（1）实训设备：输出电压可调直流稳压电源 1 台，双踪示波器 1 台，万用表 1 台，晶体管特性图示仪 1 台，信号发生器 1 台。

（2）实训器件：二极管 2AP6 2 只，1 kΩ 电阻 1 只，导线若干。

3. 实训电路与说明

图 4.12 所示为由二极管 2AP6 组成的限幅电路，它也是利用二极管的单向导电性能把输出的电压值限定在要求的范围内，在电路中起保护作用。u_i 为输入的正弦交流电压，其峰值为 10 V；直流电源 $U_{R1}=3$ V，$U_{R2}=6$ V；限流电阻 $R=1$ kΩ。这一电路的功能是把输出电压 u_o 的幅值加以限制，这种电路称为限幅电路，其工作原理如图 4.13 所示。

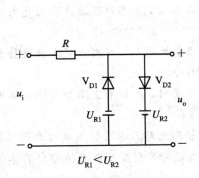

图 4.12　二极管组成的限幅电路

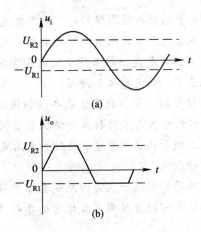

图 4.13　二极管组成的限幅电路波形

4. 实训内容与步骤

（1）检测元器件：用晶体管特性图示仪测试二极管的性能，要求掌握晶体管特性图示仪的使用方法；画出实测的二极管伏安特性曲线；用万用表检测电阻的参数。

（2）电路连接：按图 4.12 连接电路，注意二极管的极性不要接反，将信号发生器输出电压调到 50 Hz，电压峰值调到 10 V。双端直流稳压电源输出电压分别调到 3 V、6 V。要注意电压 U_{R1} 的接法，即直流稳压电源的输出正极接电路板的公共地端，负极接二极管 V_{D1} 的正极端。

（3）波形观测：用双踪示波器的通道 1 观察输入电压 u_i 的波形，通道 2 观察输出电压 u_o 的波形，电路接通之后，使 u_i 缓慢增加，如果电路工作一切正常，则用示波器观察到的 u_i 和 u_o 的波形如图 4.13 所示。其工作原理为：交流输入电压 u_i 和直流电压 U_{R1} 同时作用于二极管 V_{D1}，交流输入电压 u_i 和直流电压 U_{R2} 同时作用于二极管 V_{D2}，当 u_i 的幅值高于 6 V 时，V_{D2} 导通，V_{D1} 截止，$u_o = 6$ V；当 u_i 的幅值小于 -3 V 时，V_{D1} 导通，V_{D2} 截止，$u_o = -3$ V；当 u_i 在 -3 V 和 $+6$ V 之间时，V_{D1} 和 V_{D2} 都截止，$u_o = u_i$。

利用这个简单的限幅电路可以把输出电压的幅值加以限制，稍加变化可以得到各种不同的限幅应用。

【本 章 小 结】

关于半导体材料，主要介绍了半导体硅和锗，它们都是四价元素。我们将纯净的、晶格完整的半导体称为本征半导体。通过掺杂，可以把本征半导体变为 N 型半导体和 P 型半导体。

PN 结是构成各种半导体器件的基础，它是 N 型半导体和 P 型半导体通过特殊工艺在它们的交界面形成的带电薄层，它具有单向导电性质，即 PN 结正向偏置时，其内部的扩散运动大于漂移运动，PN 结呈导通状态，它的电阻很小；PN 结反向偏置时，呈截止状态，其电阻很大。

二极管由一个 PN 结构成，它的基本特性就是 PN 结的特性，可用伏安特性曲线来描述。二极管的应用范围很广，可用于整流、检波、限幅、开关、元件保护等。普通二极管是一个非线性元件，其死区电压与其材料及环境温度有关。普通二极管工作在单向导电区。

稳压二极管是一种工作于反向击穿状态的特殊二极管，使用时应该注意避免由电击穿转为热击穿，而使其永久损坏。

二极管的基本参数有性能参数和极限参数两大类。性能参数可用万用表来进行简易检测，更好的方法是采用晶体管特性图示仪来进行全面分析。

由二极管构成的整流、稳压等电路既经济又简单实用，在日常生活和电子电路中获得了广泛的应用。

晶体管特性图示仪是由测试晶体管特性参数的辅助电路与示波器组成的专用仪器，在它的屏幕上可以直接观察晶体管的各种特性曲线，通过标尺刻度可以直接读出晶体管的各项参数。

习　题　4

4.1　当稳压管并联使用时，是否可以增大输出电流变化的稳压范围？

4.2　整流二极管反向电阻不够大时，对整流效果产生什么影响？

4.3　若把二极管看做一个电阻，它和一般由导体构成的电阻有何区别？

4.4　用万用表的电阻挡测二极管的正向电阻时，可发现用 $R \times 10$ 挡测出的电阻值较小，而用 $R \times 100$ 挡测出的电阻值大，为什么？

4.5　用数字万用表测量二极管时，不宜使用电阻挡进行测量，为什么？

4.6　在二极管的伏安特性曲线上有一个死区电压，什么是死区电压？为什么会出现死区电压？二极管的死区电压的典型值约为多少？

4.7　用稳压管或普通二极管的正向压降是否也可以稳压？

4.8　图 4.14 所示各电路中，$E = 5$ V，$u_i = 10\ \sin\omega t$ V，二极管的正向压降可以忽略不计，试分别画出输出电压 u_o 的波形（用示波器观测）。

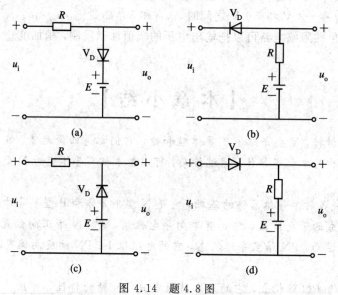

图 4.14　题 4.8 图

4.9　图 4.15 所示电路中，试求下列几种情况下输出端 Y 的电位 V_Y 及各元件 (R, V_{DA}, V_{DB})中通过的电流：(1) $V_A = V_B = 0$ V；(2) $V_A = +3$ V，$V_B = 0$ V；(3) $V_A = V_B = +3$ V。二极管的正向压降可以忽略不计。

4.10　在图 4.16 所示电路中，试求下列几种情况下输出端 Y 的电位 V_Y 及各元件(R, V_{DA}, V_{DB})中通过的电流：(1) $V_A = +10$ V，$V_B = 0$ V；(2) $V_A = +6$ V，$V_B = +5.8$ V；(3) $V_A = V_B = +5$ V。设二极管的正向电阻为零，反向电阻为无穷大。

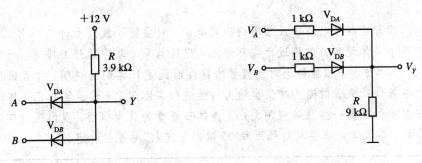

图 4.15　题 4.9 图　　　　　　　　　　　　图 4.16　题 4.10 图

第 5 章　晶体三极管的特性及其应用

　　晶体三极管是电子电路中最常用的控制器件，它主要起放大和开关作用。本章中我们首先针对一个晶体管开关电路进行实际连接，观察结果，说明其开关作用；然后介绍三极管的结构、工作原理，在理论上对三极管的特性曲线进行详细的说明，并且采用晶体管特性图示仪对晶体三极管的输入特性和输出特性进行实际测试；最后通过几个实际电路来阐述晶体三极管的其他一些具体应用。关于晶体三极管的放大作用，我们通过实训 5.2 先作一简单介绍，其具体内容将在后续课程"模拟电子技术"中着重讲述。

实训 5.1　晶体三极管特性测试及其应用

1. 实训目的

（1）掌握实际电子电路的连接方法和技巧。

（2）掌握晶体三极管开关及放大作用的意义。

2. 实训设备与器件

（1）实训设备：直流稳压电源 1 台，万用表 1 台。

（2）实训器件：9013（NPN）、9012（PNP）型晶体三极管各 1 只，面包板 1 块，4.7 kΩ色环电阻、0.1 μF（104）瓷片电容、LED 发光二极管、8 Ω 扬声器各 1 只。

3. 实训电路与说明

　　图 5.1 为简易声光欧姆表电路，此电路用来检测线路的通断。当测试棒 A 、B 分别接被测电路中的点时，如果这两点之间接通，发光二极管LED 亮，扬声器发声；如果线路不通，A、B 断开，发光二极管不亮，扬声器无声。

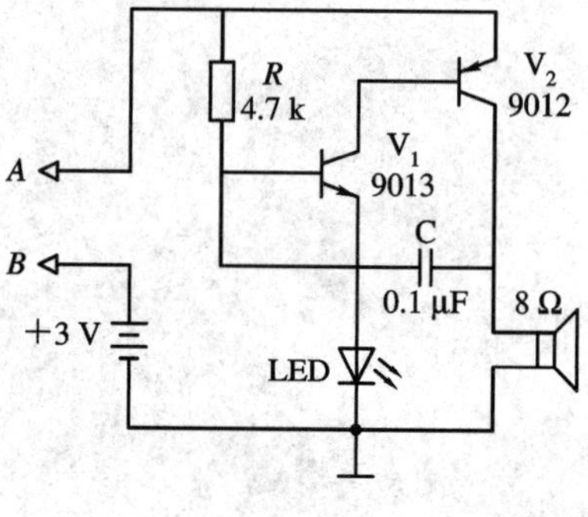

4. 实训内容与步骤

图 5.1　简易声光欧姆表电路

（1）在面包板或万能板上连接实训电路。

（2）接通稳压电源后观察发光二极管和扬声器的工作情况。

（3）测试及说明晶体三极管的开关作用。

① 测试三极管各极的电位。当 A、B 两点接通后，用万用表测试三极管 V_1、V_2 各极分别对地的电位，并将发光二极管和扬声器的工作情况记录于表 5-1 中。

② 说明晶体三极管的开关作用。根据表 5-1 的测试结果，计算两个三极管 V_1、V_2 的 PN 结偏置及集电极、发射极间的电压情况，体会和说明晶体三极管的开关作用。

表 5-1　三极管各极电位测试及发光二极管和扬声器的工作情况表

	三极管 V_1			三极管 V_2			发光二极管	扬声器
A、B 接通	U_{b1}/V	U_{c1}/V	U_{e1}/V	U_{b2}/V	U_{c2}/V	U_{e2}/V		

5. 实训总结与分析

(1) 在上述实训中我们可看出，要使三极管正常工作，必须给它提供直流电源，以保证三极管的 PN 结有合适的偏置。

(2) 由于发光二极管 LED 的正常工作电压为 $1.8 \sim 2$ V，考虑到电阻和三极管发射结的分压，因此要注意直流电源的大小选取要合适。

(3) 图 5.1 所示的电路用来检测线路的通断。当测试棒 A、B 这两点接通后，三极管 V_1、V_2 饱和导通，发光二极管 LED 亮，电容 C 构成的电压反馈电路产生振荡，使 8Ω 的扬声器发声；如果线路不通，A、B 断开，晶体管 V_1、V_2 截止，发光二极管不亮，扬声器无声。关于反馈、振荡等概念，我们将在后续课程中进行学习。

5.1　晶体三极管及其应用

晶体三极管是电子电路中的核心元件，它的主要功能是具有电流放大及开关作用。我们要学好电子电路，就必须很好地理解三极管的放大及开关原理，并掌握它的外部特性。

5.1.1　晶体三极管的结构和分类

1. 晶体三极管的结构及特点

(1) 结构。晶体三极管由两个 PN 结组成，根据组合的方式不同，可分为 NPN 和 PNP 两种类型，其结构示意图和图形符号如图 5.2 所示。每种晶体三极管都由基区、发射区和集电区三个不同的导电区域构成，对应这三个区域可引出三个电极，分别称为基极 b、发射极 e 和集电极 c。基区和发射区之间的 PN 结称为发射结，基区和集电区之间的 PN 结称为集电结。

(2) 特点。晶体三极管的内部结构有以下三个特点：

① 基区起控制载流子的作用，掺杂浓度（多数载流子的浓度）很低且做得很薄。

② 发射区起发射载流子的作用，掺杂浓度比基区大得多，一般大 100 倍以上。

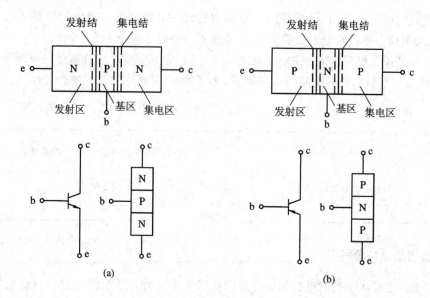

图 5.2　晶体三极管的结构示意图和图形符号

(a) NPN 型；(b) PNP 型

③ 集电区起收集载流子的作用，掺杂浓度比发射区小，尺寸较大，故不能把集电极当作发射极来用。

2. 晶体三极管的分类

按所用的半导体材料来分，晶体三极管有硅管和锗管两种；按三极管的导电极性来分，硅管和锗管均有 NPN 和 PNP 型两种；按三极管的工作频率来分，有低频管和高频管两种(工业频率大于 3 MHz 以上的为高频管)；按三极管的功率来分，有小功率管和大功率管两种。

5.1.2　晶体三极管的型号及命名

1. 国产晶体三极管的型号及命名

国产晶体三极管的型号及命名通常由以下四部分组成：

(1) 第一部分，用"3"表示三极管的电极数目。

(2) 第二部分，用 A、B、C、D 字母表示三极管的材料和极性。其中"A"表示三极管为 PNP 型锗管；"B"表示三极管为 NPN 型锗管；"C"表示三极管为 PNP 型硅管；"D"表示三极管为 NPN 型硅管。

(3) 第三部分，用字母表示三极管的类型。X 表示低频小功率管，G 表示高频小功率管，D 表示低频大功率管，A 表示高频大功率管。

(4) 第四部分，用数字和字母表示三极管的序号和挡级，用于区别同类三极管器件的某项参数的不同。现举例说明如下：

3AX31A——PNP 型低频小功率锗三极管

3DG6A——NPN 型高频小功率硅三极管

3DD102B——NPN 型低频大功率硅三极管

3AD30C——PNP 型低频大功率锗三极管

3AA1——PNP 型高频大功率锗三极管

2. 国外晶体三极管的型号及命名

国外晶体三极管的型号及命名大都按各国标准而定，如日本产品按 JIS(日本工业标准)命名等。国内合资企业的产品有不少是采用同类国外产品的型号(有些采用其型号主干部分，如 2SC1815 中的 1815 等)，可视作国外同类产品应用。由于国外产品型号繁杂，一般不必去记住其命名方法，只要记住常用几个品种的特性，需要时查阅相关资料即可。

5.1.3　晶体三极管的特性曲线及参数

1. 晶体三极管的放大原理

晶体三极管可看作一个四端电流放大器件，在组成四端网络时有一个电极是输入回路和输出回路的公共端。三个电极构成三种连接方式：共基极、共发射极、共集电极，如图 5.3 所示。

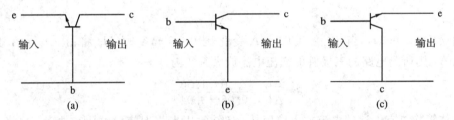

图 5.3　晶体三极管的三种连接方式

三种连接电路虽各具特点，但无论采用哪种接法，或属于哪种类型的晶体管，其工作原理是相同的。下面以 NPN 型晶体管所接成的共发射极电路为例，论述晶体管的电流放大原理。

(1) 工作电压。晶体管工作在放大状态下的基本条件是发射结加正向偏置(正向电压)，集电结加反向偏置(反向电压)，如图 5.4 所示。只要 $U_{ce} > U_{be}$，就能满足上述基本条件。若是 PNP 型管，只需将两个电源的正、负极互换即可。

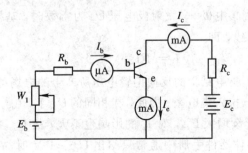

图 5.4　晶体管电流放大实验电路

(2) 电流分配和放大原理。为了理解晶体管各极电流的分配和电流放大作用，我们可先观测一个实验，实验电路如图 5.4 所示。

改变电位器 W_1 的阻值，则基极电流 I_b、集电极电流 I_c、发射极电流 I_e 都发生变化，测量结果列于表 5-2 中。

表 5-2　晶体管电流测量数据

电流/mA	数　　据				
I_b	0.02	0.04	0.06	0.08	0.10
I_c	0.70	1.50	2.30	3.10	3.95
I_e	0.72	1.54	2.36	3.18	4.05

由实验测量的数据可得出如下结论：

① 符合基尔霍夫电流定律：$I_e = I_b + I_c$；

② I_b 要比 I_c 和 I_e 小得多，所以 $I_c \approx I_e$；

③ 基极电流的微小变化 ΔI_b 可以引起集电极电流的较大变化 ΔI_c，这就是晶体管的电流放大作用。把集电极电流变化量与基极电流变化量的比值称为共发射极交流电流放大系数，用 β 来表示，即

$$\beta = \frac{\Delta I_c}{\Delta I_b}$$

由表 5-2 可知，当 I_b 由 0.04 mA 变化到 0.06 mA 时，I_c 将由 1.5 mA 变化到 2.30 mA，则所测电路的三极管的交流电流放大系数为

$$\beta = \frac{\Delta I_c}{\Delta I_b} = \frac{2.30 - 1.50}{0.06 - 0.04} = 40$$

晶体管除具有上述的电流放大作用外，还常常用来放大信号电压和功率，这将在后续课程中进行论述。

2. 晶体三极管的特性曲线

晶体管的特性曲线是指晶体管各电极之间电压与电流的关系曲线。它直观地表达出晶体管内部的物理变化规律，描述出晶体管的外特性。下面以共发射极电路为例，讨论晶体管的输入特性曲线和输出特性曲线，实验电路如图 5.5 所示。

1）输入特性曲线

输入特性曲线是指当集电极 — 发射极电压 U_{ce} 为常数时，基极电流 I_b 与基极－发射极电压 U_{be} 之间的关系曲线，即

$$I_b = f(U_{be}) \big|_{U_{ce} = 常数}$$

（1）当 $U_{ce} \geqslant 1$ V 时，集电结上的反向偏置电压所产生的电场可以把从发射区扩散到基区的载流子中的绝大部分拉入集电区。因此，在相同的 U_{be} 下，由于从发射区发射到基区的电子数是相同的，即使继续增大 U_{ce}，对 I_b 的影响也不大，故 $U_{ce} \geqslant 1$ 的输入特性曲线基本上是重合的。所以，半导体器件手册中通常只给出 $U_{ce} \geqslant 1$ V 时晶体管的一条输入特性曲线，如图 5.6 所示。

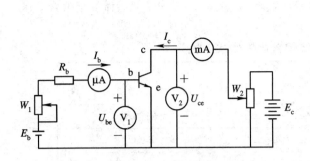 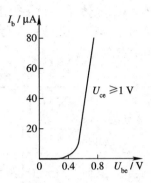

图 5.5　测量晶体管特性的实验电路　　　图 5.6　晶体管共发射极输入特性曲线

（2）输入特性曲线与二极管的伏安特性曲线相似，也存在一段死区，这时的晶体管工作在截止状态。只有当外加电压大于死区电压时，晶体管基极才有电流 I_b。硅管的死区电压约为 0.5 V，锗管不超过 0.2 V，在正常工作情况下，NPN 型硅管的发射结电压 U_{be} 约为 0.6～0.7 V，而 PNP 型锗管的 U_{be} 约为 −0.3～−0.2 V。

2）输出特性曲线

输出特性是指当基极电流 I_b 为常数时，集电极电流 I_c 与集电极−射发极电压 U_{ce} 之间的关系曲线，即

$$I_c = f(U_{ce})\big|_{I_b=常数}$$

其特性曲线如图 5.7 所示。

当 I_b 一定时，从发射区扩散到基区的自由电子数大致是一定的。当 $U_{ce}<1$ V 时，I_c 随 U_{ce} 的上升而增大；当 $U_{ce}>1$ V 时，基区中的自由电子绝大部分被拉入集电区而形成 I_c，以致 U_{ce} 继续增高时，I_c 也不再有明显的增加，这种现象称为晶体管的恒流特性。当 I_b 增大时，I_c 随之增大，曲线上移，并且 I_c 的增加量要比 I_b 的多得多，这就是晶体管的电流放大作用。

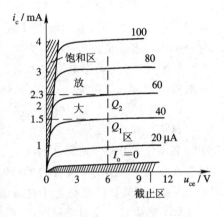

图 5.7　晶体管共发射极输出特性曲线

通常输出特性曲线分为三个工作区：截止区、放大区、饱和区。

（1）截止区。$I_b=0$ 的曲线以下的区域称为截止区。$I_b=0$ 时，$I_c=I_{ceo}$，I_{ceo} 称为晶体管的集电极−发射极反向电流，又叫做穿透电流。通常，当发射结上的电压小于输入特性的死区电压时，发射区基本上没有自由电子注入基区，晶体管即已开始截止。但为了可靠截止，常使 $U_{be}\leqslant0$，即此时发射结和集电结都处于反向偏置。

（2）放大区。输出特性曲线的近于水平的部分是放大区。放大区域具有电流放大作用，$I_c=\beta I_b$，由于 I_c 与 I_b 成正比关系，所以放大区也称为线性区。晶体管在放大工作状态时，发射结处于正向偏置，集电结处于反向偏置。

（3）饱和区。当 $U_{ce}\leqslant U_{be}$ 时，发射结、集电结都处于正向偏置，此时晶体管工作于饱和状态。在饱和区中，I_c 基本上不受 I_b 控制，即 I_c 不等于 βI_b，晶体管失去了电流放大作用。通常把 $U_{ce}=U_{be}$ 的状态称为临界饱和。

对于晶体管的三种工作状态，在电路分析中常根据晶体管结偏置电压的大小和管子的

电流关系判定其工作状态，而在实验中常通过测定晶体管的极间电压来进行判定。

下面以 NPN 型管子组成的共射放大电路为例，通过表 5 - 3 来说明晶体管结偏置电压与管子工作状态的关系。

表 5 - 3　　晶体管结偏置与工作状态的关系

工作状态　　　　PN 结	发射结	集电结
放大	正偏：$U_{be} > 0$	反偏：$U_{bc} < 0$
截止	反偏：$U_{be} \leqslant 0$	反偏：$U_{bc} < 0$
饱和	正偏：$U_{be} > 0$	正偏：$U_{bc} \geqslant 0$

3. 晶体三极管的参数

晶体三极管的参数分为两类：一类是运用参数，表明晶体三极管在一般工作时的各种参数，主要包括电流放大系数、极间反向电流等；另一类是极限参数，表明晶体三极管的安全使用范围，主要包括击穿电压、集电极最大允许电流、集电极最大耗散功率等。

（1）电流放大系数（简称放大倍数）。电流放大系数用来表示三极管的电流放大能力，有直流电流放大系数和交流电流放大系数之分。前者是指在直流状态下 I_c 和 I_b 之比，有时也称为静态电流放大系数，在共射状态下，常用 $\bar{\beta}$ 表示；后者是指在交流状态下 ΔI_c 和 ΔI_b 之比，也称为动态电流放大系数，在共射状态下，常用 β 表示。低频时 $\bar{\beta}$ 和 β 很接近，一般三极管的 β 值在 20 ～ 200 之间。

（2）极间反向电流。极间反向电流主要用来表示管子工作时的稳定情况，主要有两个：一个是集电结反向饱和电流 I_{cbo}，是指发射极开路时，集电极与基极之间（即集电结）的反向饱和电流；另一个是穿透电流 I_{ceo}，是指基极开路时，集电极与发射极之间的反向电流。通常在室温下，小功率锗管的 I_{cbo} 约为几到几十微安，小功率硅管在 1 μA 以下，I_{cbo} 越小越好，因此，硅管在温度稳定性方面优于锗管。

（3）集电极－发射极反向击穿电压 $U_{(BR)ceo}$。基极开路时，加在集电极与发射极之间的最大允许电压称为集电极－发射极反向击穿电压 $U_{(BR)ceo}$，当晶体管的集电极－发射极电压 U_{ce} 大于 $U_{(BR)ceo}$ 时，I_{ceo} 突然大幅度上升，说明晶体管已被击穿，在实际应用中不要超过此规定值。

（4）集电极最大允许电流 I_{cm}。集电极电流 I_c 超过一定值时，晶体管的 β 值要下降，规定当 β 值下降到正常数值的三分之二时的集电极电流称为集电极最大允许电流 I_{cm}。因此，在使用晶体管时，I_c 超过 I_{cm} 并不一定会使晶体管损坏，但以降低 β 值为代价。

（5）集电极最大允许耗散功率 P_{cm}。当晶体三极管的集电结通过电流时，由于损耗要产生热量，从而使三极管结温升高。若功率损耗过大，将导致集电结烧毁。根据管子允许的最高温度和散热条件，可以定出其 P_{cm} 值。国产小功率三极管的 P_{cm} 小于 1 W，中、大功率三极管的 P_{cm} 大于等于 1 W。

5.1.4　晶体三极管的识别方法

1. 常用晶体三极管的外形及管脚说明

图 5.8 和图 5.9 是一些常用小功率和大功率晶体三极管的外形图和管脚图，我们一定

要熟记它们的形状和管脚排列。

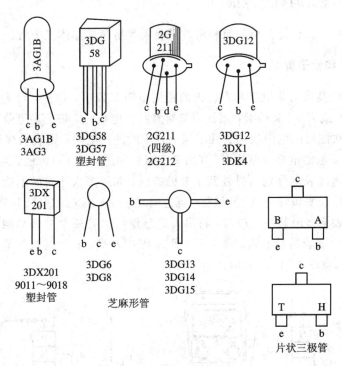

图 5.8　常用小功率晶体三极管外形图与管脚图

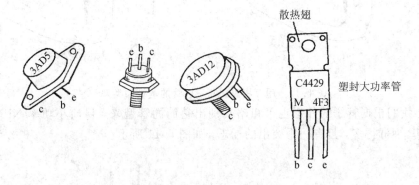

图 5.9　常用大功率晶体三极管外形图与管脚图

2. 常用晶体三极管的 β 值色点识别

晶体三极管外壳上常标以不同颜色的色点，以表明管子的 h_{FE}（约为 β）值的范围，其分挡如下：

h_{FE}　—15　—25　—40　—55　—80　—120　—180　—270　—400　—

色标　棕　红　橙　黄　绿　蓝　紫　灰　白　黑

例如，色点为红色表明该管的 h_{FE} 值为 15 ～ 25。

5.1.5 晶体三极管的简易测试

在这一小节中，我们将介绍如何利用万用表来简易测试晶体三极管。

1. 判断基极和管子类型

由于三极管的基极对集电极和发射极的正向电阻都较小，据此，可先找出基极。将万用表拨在 $R \times 100$ 或 $R \times 1$ k 挡上，当红表笔接触某一电极时，将黑表笔分别与另外两个电极接触，如果两次测得的电阻值均为几十至上百千欧的高电阻，则表明该管为 NPN 型管，且这时红表笔所接触的电极为基极 b，其测量示意图如图 5.10(a) 所示。同理，用黑表笔接触某一电极时，将红表笔分别与另外两个电极接触，如果两次测得的电阻值均为几百欧姆的低电阻，则仍然表明该管为 NPN 型管，且这时黑表笔所接触的电极为基极 b。

反之，当红表笔接触某一电极时，将黑表笔分别与另外两个电极接触，如果两次测得的电阻值均为几百欧姆的低电阻，则表明该管为 PNP 型管，且这时红表笔所接触的电极为基极 b。其测量示意图如图 5.10(b) 所示。

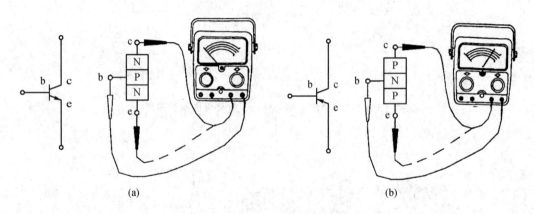

(a)   (b)

图 5.10 用万用表判断三极管的基极和类型

另外，我们根据管子的外形也可粗略判别出它们的管型来，目前小功率 NPN 型管壳高度比 PNP 型低得多，且有一个突出的标志，如图 5.11 所示。

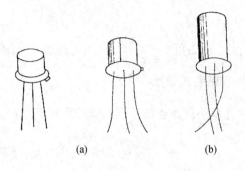

(a)   (b)

图 5.11 根据外形判断三极管的类型
(a) NPN 型；(b) PNP 型

2. 判断集电极和发射极

从三极管的结构原理图上看，似乎发射极 e 和集电极 c 并无区别，可以互换使用，但其实二者的性能差别非常悬殊，这是因为两边的掺杂浓度不一样。正确使用发射极 e 和集电极 c 时，三极管的放大能力强；反之则非常弱。根据这一点，就可以把管子的 e、c 极区别开来。

在判别出管型和基极 b 的基础上，任意假定一个电极为 e 极，另一个为 c 极，对于 PNP 型管，将红表笔接假定的 c 极，黑表笔接 e 极，再用手同时捏住管子的 b、c 极，注意不要将两电极直接相碰，如图 5.12 所示，同时注意万用表指针向右摆动的幅度，然后使假设的 e、c 极对调，再次进行测量，若第一次观测时的摆动幅度大，则说明对 e、c 极的假设是对的；若第二次观测时的摆动幅度大，则说明第二次的假设是对的。

对于 NPN 型管，我们也可采用同样的方法来处理，具体操作请同学们自己动手测试。

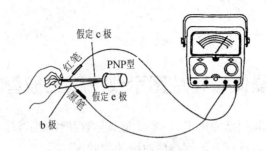

图 5.12　判断晶体三极管的集电极 c 和发射极 e

这种判别电极方法的原理是：利用万用表欧姆挡内部的电池，给三极管的 c、e 极加上电压，使之具有放大能力，用手同时捏住管子的 b、c 极时，相当于用人体电阻代替基极偏置电阻 R_b，就等于从三极管的基极 b 输入一个微小的电流，此时万用表指针向右摆动的幅度就间接反映出其放大能力的大小，从而可正确地判别出 c、e 极来。

在上述检测过程中，若万用表指针向右摆动的幅度太小，可将手指湿润一下重测；更科学的方法是用一只 100 kΩ 左右的电阻接在基极 b 与集电极 c 之间来代替手捏的动作。

3. 判断 I_{ceo} 的大小

在图 5.13 所示电路中，可用万用表的电阻挡来进行检测。对 NPN 型晶体管，黑表笔接 c 极、红表笔接 e 极(对 PNP 型晶体管，红表笔接 c 极、黑表笔接 e 极)来测量 c、e 两极间的电阻。如果测得的电阻值越大，说明 I_{ceo} 越小，晶体管的性能越好。对硅管来说，测得的电阻值应在几百千欧以上，表针一般不动；对锗管来说，测得的电阻值应在几十千欧以上。如果测得的电阻值太小，表明 I_{ceo} 很大；如果测得的电阻值接近于零，则表明晶体管已击穿，不能再用。

4. 估计晶体三极管 $β$ 的大小

在图 5.14 中，对 NPN 型晶体管，黑表笔接 c 极、红表笔接 e 极(对 PNP 型晶体管、红表笔接 c 极，黑表笔接 e 极)先测开关 S 断开时 c、e 间的电阻；然后接通开关 S，再测 c、e

间的电阻，如果电阻值比先前明显减小，说明管子 β 值较大。前后两者电阻值差别越大，说明管子 β 值越大。为了测试的方便，也可用人体电阻代替基极偏置电阻 R_b，用手指捏住 b、c 两极（注意不能使 b、c 两极直接短接），分别测得手指捏住和放开两种情况下 c、e 间的电阻值，进行比较，粗略检查 β 值的大小，其原理同上。

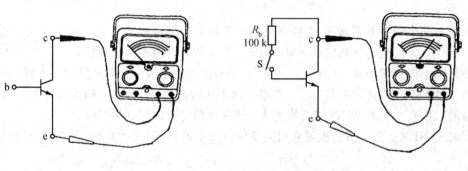

图 5.13　检测 I_{ceo} 的方法　　　　　　图 5.14　用万用表的电阻挡检查 β 值

5.2　应用晶体管特性图示仪测试三极管的特性曲线

在前面的章节中，我们已介绍了 XJ4810 型晶体管特性图示仪的组成、原理及功能，在这一节里，我们将用它来进行三极管特性曲线的实际测试。

5.2.1　晶体三极管的输入特性测试

下面以 9013(NPN)、9012(PNP)等型号的三极管为例，说明三极管输入特性曲线的实际测试过程。

1. 测试前 XJ4810 型晶体管特性图示仪的各项准备

（1）拉出"电源"旋钮开启电源，适当右旋，预热 3～5 min，调好辉度和聚焦。

（2）将"峰值电压范围"切换按钮选择"10 V"挡。

（3）将"峰值电压％"调节旋钮先置于最小位置，测量时慢慢增加。

（4）正确选择"集电极电源极性"切换按钮（弹出，V_{CC} 为正，测 NPN 型管；按入，V_{CC} 为负，用于测 PNP 型管）。

（5）"功耗限制电阻 Ω"选用"1 K"挡。

（6）在晶体管测试台上插入被测管进行测试，屏幕上即可显示出被测管特性曲线。

2. 测试 9013(NPN)管共发射极输入特性曲线

在上述基本操作后，选择"Y 轴选择旋钮（电流/度）"为"1 mA"挡；"X 轴选择旋钮（电压/度）"的 V_{ce} 为"0.2 V"挡；将 9013 三极管的 c 极悬空，b 极插测试台 c 孔，e 仍插 e 孔，这时相当于将三极管的发射结用作二极管测量，测试结果如前述图 5.6 所示，可看出晶体三极管的输入特性曲线类同于晶体二极管的正向特性曲线。

5.2.2　晶体三极管的输出特性测试

1. 测试 9013(NPN)管共发射极输出特性曲线

选择"Y 轴选择旋钮(电流/度)"为"1 mA"挡;"X 轴选择旋钮(电压/度)"的 V_{ce} 为"2 V"挡;"电压-电流/级"选择开关选用"5 μA"级;e、b、c 管脚对应插入各插孔内,这时可清楚地观察到输出特性曲线如前述图 5.7 所示。(注意:如果测量 9012(PNP)管,只需将"集电极电源极性"和"基极电源 V_{BB} 极性"切换按钮按入,就可得到 PNP 管的输出特性,因该输出特性不太符合观察习惯,常按"显示转换"按钮,显示对角倒相图形。)

2. 如何读取 β 值

根据输出特性曲线可方便地读取 β 值,例如,"电压-电流/级"选择开关选用"5 μA"级,"Y 轴选择旋钮(电流/度)"为"1 mA"挡,如果纵向两簇间占用 0.8 格,则 β 值为

$$\beta = \frac{0.8 \times 1000}{5} = 160$$

实训 5.2　晶体三极管的应用

我们在前面章节已讲述过,晶体三极管是电子电路中最常用的控制器件,它主要起放大和开关作用。在我们对晶体三极管的结构和工作原理有所了解后,就可以对晶体三极管的常用放大电路进行实训,以便对晶体三极管的工作有更深入的认识。

1. 实训目的

(1) 学习单管交流放大器静态工作点的调试方法和放大倍数的测量方法。
(2) 观察并测定电路参数的变化对放大电路性能的影响。
(3) 进一步掌握有关电子仪器设备的正确使用方法。

2. 实训设备与器件

(1) 实训设备:直流稳压电源 1 台,低频信号发生器 1 台,示波器 1 台。
(2) 实训器件:面包板 1 块,相关的电阻、三极管、电容元件,其参数见实训说明。

3. 实训电路与说明

(1) 实训电路。图 5.15 为一个由单个晶体三极管为核心元件所组成的电压放大电路,它能将低频电压信号进行不失真放大,它是放大器中最基本的部分。

图中各元件的参数取值如下:V 为 9013 NPN 三极管;C_1、C_2、C_e 分别取值 22 μF、22 μF、

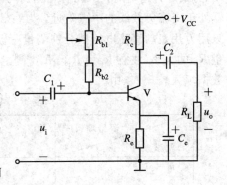

图 5.15　单管电压放大电路

33 μF；R_{b1} 取 1 MΩ(105)电位器；R_{b2} 取 30 kΩ；R_c 取 2 kΩ；R_e 取 200 Ω；R_L 取 1 kΩ；电源电压 V_{CC} 取 12 V。

（2）原理说明。

① 当无输入信号 u_i 时，电路中由于只有直流电源作用，各处的电压、电流都是不随时间而变化的直流量，我们称电路的这种工作状态为"静态"，这时的直流分量 I_b、I_c 和 U_{ce} 确定了晶体三极管的静态工作情况，根据这些直流分量可在三极管的输出特性曲线上确定静态工作点 Q。放大器只有选定了合适的静态工作点后才能正常工作，合适的静态工作点设置与参数 R_b、R_c、V_{CC} 的选择有关，静态工作点设置不当将引起输出电压 u_o 的波形失真，导致放大器不能正常工作。

② 当有输入信号 u_i 时，放大器的电压、电流都受 u_i 的影响，成为随时间而变化的量，我们称电路的这种工作状态为"动态"。此时，放大器中 i_b、i_c、u_{ce} 均为随时间而变化的量，并可认为是交、直流两种成分叠加的结果。其中，直流成分即为静态，即 u_i 的加入并不改变晶体管的静态工作点，而它们的交流成分由 u_i 决定，如果 u_i 的幅值很小或晶体管工作在输入特性的线性部分，在计算 u_i 产生的响应时可将晶体管等效为线性元件。耦合电容 C_1 和 C_2 的电容量都很大，其容抗值可以忽略。输出信号 u_o 与输入信号 u_i 的变化波形一样，但相位相反，如果负载电阻 R_c 和 R_L 足够大，u_o 的幅值将远大于 u_i 的幅值，二者的比值 U_o/U_i 就是放大器的电压放大倍数。

③ 图 5.15 电路能有效抑制温度变化时引起的静态工作点的漂移，这是因为发射极串接的电阻 R_e 能引起电流负反馈，它可提高静态工作点的稳定性；但另一方面，R_e 的引入对交流信号也同样起负反馈作用，这将使放大器的电压放大倍数下降。为此，通常利用电容器的"隔直通交"的特性，在 R_e 上并联一个电容器 C_e，使 R_e 对交流信号不起负反馈作用，从而避免了电压放大倍数的下降，故电容器 C_e 称为发射极旁路电容。

4. 实训内容与步骤

（1）焊接好实训电路。

（2）调节直流稳压电源输出为 12 V。

（3）调节低频信号发生器使交流输入信号 u_i 幅值为 20 mV，频率为 1 kHz。

（4）调节并测量静态工作点 Q。接通稳压电源并调节低频信号发生器使交流输入信号 u_i 的频率为 1 kHz，由零开始逐渐增大其幅值，用示波器观测输出信号 u_o。当调节电位器 R_{b1} 为某一合适值时，示波器观测到的输出信号 u_o 上下同时出现失真，这说明静态工作点 Q 处于交流负载线的中点附近，为一最佳工作点，这时可先关断低频信号发生器的电源而只用万用表的直流电压挡分别测量三极管的三个电极对地的电位，并用万用表的电阻挡测量 R_b 的大小（注意 $R_b = R_1 + R_2$，测量时应断开 R_1 或 R_2 与电路相连的一脚），然后将所测数据填入表 5-4 中。

表 5-4　静态工作点的测试

测量项目 测试条件	V_b/V	V_c/V	V_e/V	$R_b/k\Omega$
$u_i = 0$ $R_b =$ 合适值				

根据表 5 - 4 的测量结果，计算静态工作点的有关参数，填入表 5 - 5 中。

表 5 - 5　静态工作点的计算

$U_{be}= V_b - V_e /V$	$U_{ce}= V_c - V_e /V$	$I_b/\mu A$	I_c/mA	$\beta= I_c/I_b$

（5）测量电压放大倍数。接通并调节低频信号发生器，使 u_i 的幅值为 20 mV，利用示波器测量出 u_o 的幅值，计算电压放大倍数 A_u，将结果填入表 5 - 6 中。

表 5 - 6　电压放大倍数 A_u 的计算

测量值		计算值
U_i/V	U_o/V	U_o/U_i

通过前面的论述及实训我们知道，晶体三极管可工作在放大状态和开关状态。对于放大状态，我们通过前一实训已有了一个基本印象，在后续有关课程中还要更进一步学习。而对于开关状态，当三极管饱和时，集电极与发射极间电压较小，此时这两极间相当于一个开关的接通；当三极管截止时，集电极与发射极间电压较大（约等于电源电压），这就相当于一个开关的断开。下面我们再举几个在实际电子线路中经常使用的三极管开关应用电路实例。

实例 1　锯齿波发生器电路

图 5.16 所示的电路用来将方波变成锯齿波：当输入方波（矩形波）为低电平时，二极管 V_D 导通，如果参数选择合适（如图 5.16 所示），使三极管的 $U_{be} \leqslant 0$，$U_{bc} < 0$，则三极管 V 截止，电容 C_2 经 R_3、R_1、二极管 V_D、R_2 充电，u_o 很快上升到 U_m；当方波上跳至高电平时，二极管 V_D 截止，三极管 V 饱和导通，电容 C_2 经 R_4、V 放电，由于电容 C_2 跨接在集电极和基极之间，实现电压负反馈，C_2 的放电电流基本恒定，则输出的 u_o 为线性下降的锯齿波。

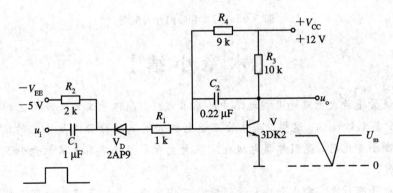

图 5.16　锯齿波发生器

实例 2　光控路灯电路

在图 5.17 所示的电路中，当受到白天阳光照射时，光敏三极管 V_1 导通，输出为低阻，使三极管 V_2 截止、V_3 导通，继电器 K 吸合，其常闭触点 J 断开，路灯不亮；在夜间无光照射 V_1 时，其输出为高阻，V_2 导通、V_3 截止，继电器线圈断电，常闭触点 J 闭合，路灯亮。

在这里，V_1 产生光电控制信号，选用 3DU5 光敏三极管，V_2 起开关作用，控制 V_3 的导通与截止，V_3 导通时由于产生较大的驱动电流，故采用高频三极管 3DG12，二极管 V_D 用来保护继电器线圈不会因 V_3 截止时产生的感应电流而损坏。

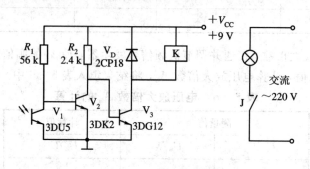

图 5.17　光控路灯电路

实例 3　无线电遥控开关电路

图 5.18 为一无线电遥控开关电路。如发射电路中开关 S 接通后，其内部振荡电路工作，产生的高频振荡信号由天线发射出去。接收电路中 V_1、V_2 组成一个复合管，当输入回路收到发射信号后，复合管将输出较大的电流使继电器 K 吸合，继电器可控制各种电源开关。

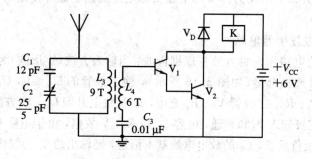

图 5.18　无线电遥控开关电路

【本章小结】

晶体三极管是放大电路和开关电路中的基本元件，晶体管工作在放大区的基本条件为发射结正偏，集电结反偏。这样，晶体管三个电极间电流的分配满足一定的比例关系，当基极电流有微小变化时，能引起集电极电流很大变化，因此具有电流放大作用，它是一种电流控制器件。

晶体三极管有放大、截止和饱和导通三种工作状态，晶体三极管分别工作在饱和导通及截止的状态，称为晶体三极管的开关状态，它的集电极和发射极之间相当于开关被接通或断开。饱和时相当于开关的接通，这时 U_{ce} 较小，发射结和集电结均为正偏；截止时相当于开关的断开，这时 U_{ce} 约等于电源电压 U_{cc}，发射结和集电结均为反偏。

放大电路中晶体管通常有三种基本接法：共发射极接法、共基极接法和共集电极接法，它们有各自的特点，其中共发射极接法应用最多。

　　放大电路无输入信号时，电路工作在静态，电路中的电压和电流均为直流量；有输入信号时，电路工作在动态，电路中的电压和电流为直流量和交流量的叠加。

　　为了使晶体管工作在特性曲线的放大区，并且使放大器输出的波形不失真，需要设置合适的静态工作点，调整静态工作点主要是通过调整基极偏置电阻 R_b 来实现。

　　晶体管的输入、输出特性和参数反映了管子的性能，它直观地表达出晶体管内部的物理变化规律，描述出晶体管的外特性。我们可利用万用表或晶体管特性图示仪来检测或显示其性能。

　　在利用万用表来简易测试晶体三极管时，首先要判断出基极和管子类型。将万用表拨在 $R \times 100$ 或 $R \times 1$ K 挡上，当红表笔接触某一电极时，将黑表笔分别与另外两个电极接触，如果两次测得的电阻值均为几十至上百千欧的高电阻时，则表明该管为 NPN 型管，且这时红表笔所接触的电极为基极 b。当黑表笔接触某一电极时，将红表笔分别与另外两个电极接触，如果两次测得的电阻值均为几百欧姆的低电阻时，则表明该管仍然为 NPN 型管，且这时黑表笔所接触的电极为基极 b。反之，当红表笔接触某一电极时，将黑表笔分别与另外两个电极接触，如果两次测得的电阻值均为几百欧姆的低电阻时，则表明该管为 PNP 型管，且这时红表笔所接触的电极为基极 b。

　　在判别出管型和基极 b 的基础上，可进一步判断出管子的集电极和发射极。对于 PNP 型管，将红表笔接假定的 c 极，黑表笔接 e 极，再用手同时捏住管子的 b、c 极，注意不要将两电极直接相碰，同时注意万用表指针向右摆动的幅度，在假设的 e、c 极正确的情况下，万用表指针向右摆动的幅度最大。对于 NPN 型管，我们也可采用同样的方法来处理。

　　三极管的穿透电流 I_{ceo} 越小，晶体管的性能越好。对硅管来说，I_{ceo} 较小，这时测得的电阻值应在几百千欧以上，表针一般不动。对锗管来说，测得的电阻值应在几十千欧以上。如果测得的电阻值越小，则表明 I_{ceo} 越大；如果测得的电阻值接近于零，则表明晶体管已击穿，不能再用。此外，还可利用万用表来简易测试晶体三极管 β 的大小。

　　在使用晶体管特性图示仪来检测三极管的性能及参数时，要注意晶体管特性图示仪面板上的一些旋钮或开关要置于合适的挡位、量程及极性位置。

　　由于三极管的输入、输出特性均为非线性曲线，所以晶体管是非线性电子元件。

习　题　5

　　5.1　用万用表判别晶体三极管（NPN 与 PNP）的极性时，为什么要在 b、c 间串一个 100 kΩ 的电阻，或用手指捏 b、c 时不能使 b、c 直接接触？

　　5.2　请写出利用万用表判别 NPN 型三极管 c、e 极的具体过程。

　　5.3　用示波器观察放大器输出波形时，若调节 R_b 使波形上部失真，试判断这是什么失真并测量此时 U_{ce} 的大小。

　　5.4　分析产生输出电压波形失真的原因，并提出解决办法。

　　5.5　在实训 5.2 中，当断开负载电阻 R_L 和旁路电容 C_e 后，若仍然保持交流输入信号 u_i 幅值为 20 mV、频率为 1 kHz，重测电压放大倍数 A_u，说明放大倍数为何下降。

　　5.6　设 NPN 型三极管接成图 5.19 所示的三种电路，试分析三极管 V 分别处于何种工作状态。设 V 的 $U_{be} = 0.7$ V。

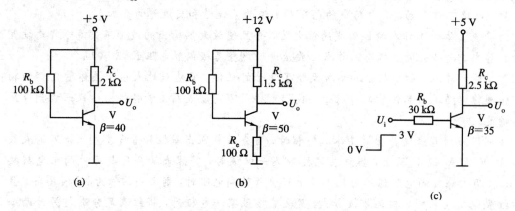

图 5.19 题 5.6 图

5.7 在放大电路中,测得下述 6 组三极管 3 个极的电位分别如下:

对 NPN 管

(1) 1 V, 0.3 V, 3 V; (2) 0.3 V, 0.3 V, 1 V; (3) 2 V, 5 V, 1 V

对 PNP 管

(1) −0.2 V, 0 V, 0 V; (2) −3 V, −0.2 V, 0 V; (3) 1 V, 1.2 V, −2 V

试确定三极管 V 分别处于何种工作状态,并判定各电位点对应三极管的哪个电极。

5.8 设 NPN 和 PNP 型三极管分别接成图 5.20 所示的几种电路,试判断这些电路能否对输入的交流信号进行正常的放大,并说明理由。

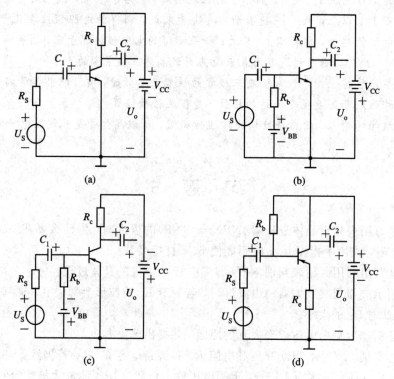

图 5.20 题 5.8 图

第 6 章　电路的频率特性测试

在这一章中，我们将通过 RLC 串联交流电路及调频高频放大器选频电路的幅频特性实训，介绍电路的频率特性的概念和高频扫频仪的工作原理及使用方法，使学生对本课程所涉及的一些专用仪器仪表有一个初步认识。

实训 6.1　RLC 串联交流电路的幅频特性测试

1. 实训目的

(1) 了解 RLC 串联交流电路幅频特性曲线的含义及理论分析。

(2) 初步学会高频扫频仪的原理及应用。

2. 实训设备与器件

(1) 实训设备：BT—3C 型高频扫频仪 1 台。

(2) 实训器件：焊接板 1 块(已焊接好 RLC 串联交流电路)。

3. 实训电路与说明

实训电路如图 6.1 所示。我们在前面的有关课程中已提到过 RLC 串联交流电路。当电源的频率达到谐振频率 $f_。$ 时，电感电压与电容电压大小相等，方向相反，这时电感与电容两端的电压应为零。而频率小于或大于谐振频率 $f_。$ 时，电感与电容两端的电压都不为零。因此，在扫频仪上进行幅频特性测试时，我们将看到当频率为某一数值时，幅频特性曲线上输出电压的大小为零，这一频率就是谐振频率。

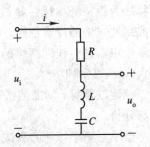

图 6.1　RLC 串联交流电路

4. 实训内容与步骤

1) 实训内容

(1) 进行 RLC 串联交流电路幅频特性的实际测试。

(2) 理解电路幅频特性的含义。

(3) 掌握电路幅频特性测试的基本方法。

(4) 加深对 RLC 串联交流电路谐振概念的理解。

2）实训步骤

（1）如图 6.1 所示，在万能板上焊接好 RLC 串联交流电路，R 取 100 Ω，C 取 100 pF，L 为自绕的一段线圈，其大小经 Q 表测试后约为 1.2 μH。

（2）在扫频仪上调节好"电源、辉度"旋钮。

（3）将"输出衰减"旋钮的粗调和细调都旋至 0 dB 处。

（4）将"扫描电压输出"探头接电路的输入端，"Y 轴输入"探头接电路的输出端。

（5）调节"频标幅度"旋钮，使频标大小和间隔宽度适中。

（6）改变"中心频率"旋钮，观察实际的幅频特性曲线。

5. 实训总结与分析

我们可在显示屏上直接读出谐振频率 f_0 的数值。当 RLC 分别取上述参数时，谐振频率 f_0 的理论计算值为 14 MHz，而在扫频仪上读取的谐振频率数值为 15 MHz 左右。当然，由于受一些其他因数的影响，这两者之间有一定的误差，但这种误差仍属正常范围。

用手指轻轻压缩线圈，这时电感 L 增大，根据谐振频率计算公式，f_0 将变小，扫频仪上谐振点曲线将左移，这种变化将在扫频仪上很直观且明显地反映出来，这和理论上的分析是一致的。

6.1　电路的频率特性介绍

6.1.1　电路的频率特性概述

我们知道，当正弦信号输入到线性电路后所产生的稳态响应也是正弦信号，并且具有与输入的正弦信号相同的频率，所不同的是振幅和相位。振幅和相位均是频率的函数，分别称之为振幅频率特性和相位频率特性，简称为幅频特性和相频特性，它们均属于线性电路或线性网络的传输特性。讨论线性电路的频率特性具有十分重要的意义，比如说，在电子测量中需进行线性网络的阻抗特性的测量，而阻抗特性和传输特性一样，都属于频率特性。另外，宽频带放大器、接收机的中频放大器与高频放大器、电视接收机中的视频放大器以及滤波器等，均需测量其阻抗特性和传输特性，也就是说需对它们进行频率特性的测量与分析。

最早对频率特性的测试是这样进行的：保持输入信号的幅度不变，逐点改变输入信号的频率（称为人工点频信号），逐次测量出相应输出的数据（如输出振幅或输出相位），汇总后在坐标纸上描绘出该网络的幅频特性或相频特性曲线。显然，这种操作方法繁琐费时，而且有可能因测量频率间隔不够密而漏掉被测曲线的某些细节，因此其结果不够精确，现已被扫频测量技术或其他新测试技术所取代。所谓"扫频"，就是利用某种方法使正弦信号的频率随时间按一定规律、在一定范围内反复扫动。这种频率扫动的正弦信号称为"扫频信号"。用扫频信号代替人工点频信号，借助于示波器可以实时显示出被测电路的频率特性曲线。

在这里，我们主要讨论幅频特性。测量线性电路或网络幅频特性的仪器称为频率特性测试仪，通常又称为"扫频仪"。关于扫频仪的结构和工作原理我们将在下一节中进行具体说明。

6.1.2　放大电路的频率特性总体描述

1. 放大电路的频率特性总体描述

由于在放大电路中一般都有电容元件，如耦合电容、发射极电阻交流旁路电容、晶体管的极间电容和连线分布电容等，它们对不同频率的信号所呈现的容抗值是不相同的，因此放大电路对不同频率的信号在幅度上和相位上放大的效果不完全相同，它们表现出了不同的频率特性。频率特性又分为幅频特性和相频特性。前者表示电压放大倍数的模 $|A_u|$ 与频率 f 的关系；后者表示输出电压相对于输入电压的相位差 φ 与频率 f 的关系。图 6.2 是某单管共发射极放大电路的频率特性，它说明在放大电路的某一段频率范围内，电压放大倍数 $|A_u| = |A_{uo}|$，与

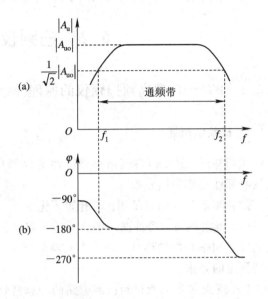

图 6.2　放大电路的频率特性
（a）幅频特性；（b）相频特性

频率无关，输出电压相对于输入电压的相位差为 180°。随着频率的升高或降低，电压放大倍数都要减小，相位差也要发生变化。当放大倍数下降为 $0.707|A_{uo}|$ 时所对应的两个频率分别为下限频率 f_1 和上限频率 f_2。在这两个频率之间的频率范围称为放大电路的通频带，它是表明放大电路频率特性的一个重要指标。对放大电路而言，我们希望通频带宽一些，以便让非正弦信号中幅值较大的各次谐波频率都在通频带的范围内，尽量减小频率失真。

2. 放大电路的幅频特性简单说明

在分析放大电路的频率特性时，将频率范围分为低、中、高三个频段。

在中频段，由于耦合电容和发射极电阻旁路电容的容量较大，故对中频段信号来讲其容抗很小，可视作短路。此外，由于晶体管的极间电容和连线分布电容等电容值都很小，约为几到几百皮法，可认为它们的等效电容 C_o 并联在输出端上，C_o 的容量很小，它对中频段信号的容抗很大，可视作开路。因此，在中频段，可认为电容不影响交流信号的传送，放大电路的放大倍数与信号频率无关。

在低频段，由于信号频率较低，耦合电容的容抗较大，其分压作用不能忽略，以致实际送到晶体管输入端的电压 u_{be} 比输入信号 u_i 要小，故放大倍数要降低。同样，发射极电阻旁路电容的容抗不能忽略，因此就有交流负反馈，也使放大倍数降低。在低频段，C_o 的容抗比中频段更大，仍可视作开路。

在高频段，由于信号频率较高，耦合电容和发射极电阻旁路电容的容抗比中频段更小，皆可视作短路。但 C_o 的容抗将减小，它与输出端的电阻并联后使总阻抗减小，因而使输出电压减小，电压放大倍数降低。此外，还有另外一个原因造成在高频段电压放大倍数

降低，这就是高频时电流放大系数 β 也会下降。这主要是因为载流子从发射区到集电区需要一定时间，如果频率高，在正半周时载流子尚未全部到达集电区而输入信号就已改变极性，这就使集电极电流的变化幅度下降，因而 β 值降低。

6.2　扫频仪及其应用

6.2.1　BT−3C 型高频扫频仪的原理介绍

1. 扫频仪概述

我们知道，测量线性网络幅频特性的仪器称为频率特性测试仪，通常又称为扫频仪，其核心部件是扫频信号源。

扫频测量与点频测量相比，有如下优点：

（1）可实现频率特性曲线的自动或半自动测试。特别在调整电路时，我们一方面观察荧光屏上频率特性的形状，另一方面调节电路中的有关元件，从而极方便地把被测电路调整到预定的要求。

（2）逐点测量只能得到被测电路的静态特性，而扫频测试得到的是被测电路的实时动态特性曲线。

（3）快速、直观、准确、方便。

扫频测量与点频测量相比，也存在使用不当、测试结果反不如点频测量的情况。我们知道，一般谐振回路对于信号的响应都有一个过渡过程，若扫频信号变化过快，回路对一个频率的响应还未完毕，新的频率又随之而来，这样，当扫频仪的参数选择不当时，就会带来较大的测量误差。如被测电路的通频带不够宽（例如，超外差式收音机的中频放大器、调频收音机及电视机中的鉴频器），测量误差也较大，调试效果不好。例如，用扫频法调试的鉴频器，不但伴音质量差，而且帧频干扰严重。一般扫频仪为了简化电路，直接利用 50 Hz 市电信号作为扫频信号。当测试质量要求较高时，这个扫频频率还嫌太高，特别是在测量通频带较窄的电路时，最好选用 15～35 Hz 的低频线性锯齿波作为调制信号。但是，为了不使显示的曲线产生过大的闪烁，扫频又不能太慢，一般不低于 15 Hz。

目前，国产的扫频仪基本上可分为超低频扫频仪（如 BT−6A 型，10～479.7 Hz）、低频扫频仪（如 BT−4A 型，20 Hz～2 MHz）、高频扫频仪（如 BT−5 型、BT−9 型，0.2～30 MHz）、超高频扫频仪（如 BT−3 型、BT−3C 型、BT−2 型，1 M～300 MHz；BT−20 型，300～1000 MHz；BT−32 型，450～910 MHz）和微波扫频仪（如 XS2 型、XS3 型，3.7～11.4 GHz），此外还有其他一些型号的扫频仪等。

频率特性测试仪虽然型号有多种，但是它们的基本使用方法和应用是相同的。本章以应用十分广泛的国产 BT−3C 型频率特性测试仪为实例来进行应用。BT−3C 型可以用来测定宽带放大器、调谐放大器、各种滤波器、鉴频器以及其他有源或无源网络的频率特性。BT−3C 的工作频带是 1～300 MHz，频偏为 ±0.5～±7.5 MHz；输出扫频信号电压大于 0.1 V（有效值），输出阻抗为 75 Ω，频标信号有 1 MHz、10 MHz、50 MHz 及外接等几种，检波探测器的输入电容不大于 5 pF，最大允许直流电压为 300 V。

2. 光点扫描图示法的工作原理

按显示原理分,扫频方法有光点扫描法和光栅增辉法。本节仅介绍光点扫描法。

图 6.3 和图 6.4 是利用光点扫描显示方法测量动态幅频特性曲线的原理图及波形图。图中,扫描信号发生器(又称射频振荡器)是关键环节,它的输出信号的瞬时振荡频率受扫描发生器所产生的扫描电压 U_S 所调制。如果用锯齿波电压(见图 6.4 (a)波形),则扫描信号发生器所输出信号的频率随时间在一定范围内由低到高作线性变化,即频率与时间成线性关系并反复扫动,实现扫频,但其振幅却恒定不变(见图 6.4(b)的波形)。这个扫频信号 U_i 加到被测电路的输入端,通过被测电路后,其输出端输出的波形(见图 6.4(c)的波形)不再是等幅的了,U_o 的幅值将按被测网络的幅频特性作相应的变化,即 U_o 的振幅所包络的变化规律与被测电路的幅频特性相对应。这个电压经峰值检波器(亦称包络检波器)检波,得到图 6.4(d)的波形,称为图形信号 U_g,因为这个信号波形的形状就是被测电路的幅频特性曲线。U_g 经 Y 放大器放大后,加到示波管的垂直偏转板上,使示波管内的电子束在 Y 方向随 U_g 的幅值变化而上下移动。要在频率轴上展开 U_g 的波形,必须同时使电子束在 X 方向左右移动,并且移动的规律应与扫频信号的频率随时间变化的规律一样。这一点是如何实现的呢?由于扫描发生器所产生的扫描电压 U_s 同时作用于扫频信号发生器和 X 放大器,U_s 使扫频信号的频率随时间按一定规律(如线性)变化的同时,也使电子束打在荧光屏上的亮点在水平方向的偏移距离 X 与扫频信号的频率成正比(即让 X 与时间的关系和频率

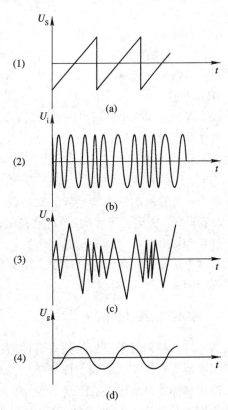

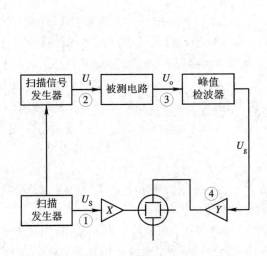

图 6.3　测量动态幅频特性曲线的原理方框图　　图 6.4　测量动态幅频特性曲线的各点波形图

随时间变化的关系一致），这样，通用示波器的时间基线就变成了频率基线，当光点在荧光屏上移动时，就在 X 和 Y 两个方向上与频率"同步"，荧光屏上才显示出被测电路的实际频率特性。一般将扫频信号频率 f 随时间的变化率 $\mathrm{d}f/\mathrm{d}t$ 称为扫频速度。

其实，扫频仪中的扫频信号并不一定非要锯齿波电压。只要扫频信号的变化规律与示波器水平扫描电压的变化规律完全一致，就不会影响频率特性的形状。国产的扫频仪既有用锯齿波调频的，如 PTC－2 型、PTC－3 型、BT－4 型、BT－9 型、BT－10 型等；也有采用市电作为调制信号的，如国产扫频仪 BT－2 型、BT－3 型、BT－7 型等，采用市电扫频的缺点是扫频线性度差，优点是电路十分简单。

3. 获得扫频信号的方法和电路

扫频仪主要由四大部分组成：扫频信号发生器、频率标尺、放大显示电路及电源。其中显示部分的工作原理与示波器类似，讨论从略。扫频信号发生器是扫频仪的核心部分，它可以作为独立的测量用信号发生器，也可以作为频率特性测试仪、网络分析仪或频谱分析仪的组成部分。实际上，它就是频率可控的正弦振荡器，但它的扫频宽度（常叫"频偏"）远大于正弦振荡器的频率变化范围，其中心频率变动范围也比正弦振荡器大得多。扫频信号发生器除具有一般正弦振荡器所具有的工作特性外，还需满足如下要求：

（1）中心频率范围宽，且可连续调节。中心频率是指从低频到高频之间中心位置的扫频信号频率。不同测试对象对中心频率有不同的所在频段要求，如高频段、中频段、视频段和音频段。

（2）扫频宽度要宽，并可任意调节。频偏是指调频波中的瞬时频率和中心频率之间的差值。显然，频偏应能覆盖被测电路的通频带，以便测绘该电路完整的频率特性曲线。如测试电视接收的图像中频通道，要求频偏达 ± 5 MHz；测试伴音中频通道时，频偏只需 0.5 MHz。

（3）寄生调幅要小（一般应小于 1%）。理想的调频波应是等幅波，只有在扫频信号幅度保持恒定不变的情况下，被测电路输出信号的包络才能表征该电路的幅频特性曲线，否则会导出错误结果。

（4）良好的扫频线性度（一般应优于 5%）。当扫频信号的频率与其调制信号间成直线关系时，示波管的水平轴变换成线性的频率轴，这时幅频特性曲线上的频率标尺将均匀分布，便于观察，否则会导致曲线畸变（在测试宽频带放大器时，如用对数幅频特性，则要求扫频规律和扫频电压之间是对数关系）。

扫频方法很多，常用的扫频方法有变容二极管扫频和磁调制扫频两种，有关它们的工作原理我们就不再多述。

4. 频率标记及显示部分

为了对扫频测量所得到的频率特性曲线进行分析，必须对其水平频率轴（零线）分格定标才能准确指出该特性曲线上任何一点所对应的频率值。频率标记简称频标。

产生频标的方法主要有下述四种：差频法、电压比较法、吸收法、选拼法。这四种方法都是用模拟的方法产生频标的，这样获得的频标称为模拟频标。此外，还有数字频标。

显示部分包括扫描发生器、垂直放大器和示波管等。其中，扫描发生器是对于采用市电作调制信号的，实际上是采用了电源变压器的次级绕组代替的。扫频信号就是从该绕组取出的交流电压，将其送至示波管水平偏转板，作为进行水平扫描的信号，同时送到扫频信号发生器进行调制，保证扫描信号与扫频信号同步。

6.2.2　BT－3C 型高频扫频仪的使用

1. 面板各主要部分的作用

图 6.5 是 BT－3C 型高频扫频仪的面板实物图，其基本结构和工作原理如前所述，现在说明其面板各主要部分的作用。

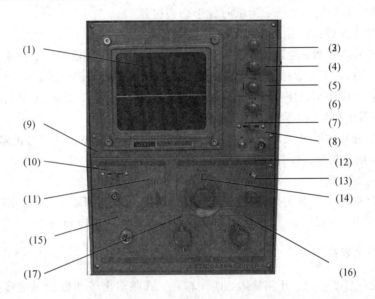

图 6.5　BT－3C 型高频扫频仪的面板实物图

面板上的控制装置可分为显示部分（(1)～(8)）、频标调节部分（(9)～(11)）、扫频调节部分（(12)～(14)）、扫频输出及衰减部分（(15)～(17)）等，各部分控制装置的作用按图中标号介绍如下：

(1) 荧光屏：用于显示幅频特性曲线。

(2) 电源、辉度旋钮：该控制装置是一只带开关的电位器，兼电源开关和辉度旋钮两种用途。顺时针旋动此旋钮即可接通电源，继续顺时针旋动，荧光屏上显示的光点或图形亮度增加。使用时亮度应适中。

(3) 聚焦旋钮：调节它使屏幕上扫描基线清晰明亮，以保证显示波形的清晰度。

(4) "Y 位移"旋钮：调节荧光屏上光点或图形在垂直方向的位置。

(5) "Y 增幅"旋钮：调节显示在荧光屏上图形垂直方向幅度的大小。

(6) Y 轴衰减开关：有 1、10、100 三个衰减挡级。根据输入电压的大小选择适当的衰减挡级。

(7) 影像极向开关：用来改变屏幕上所显示的波形的正负极性。当开关在"＋"位置时，波形曲线向上方向变化（正极性波形）；当开关在"－"位置时，波形曲线向下方向变化（负极性波形）；当曲线波形需要正负方向同时显示时，只能将开关在"＋"和"－"位置往复变动才能观察曲线波形的全貌。

(8) Y 轴输入插座：由被测电路的输出端用电缆探头引接此插座，其输入信号经垂直放大器便可显示出该信号的曲线波形。

(9) 频标选择开关：有 1 MHz、10 MHz、50 MHz 和外接四挡。当开关置于 1 MHz 时，扫描线上显示 1 MHz 的菱形频标；置于 10 MHz 和 50 MHz 挡时，扫描线上显示 10 MHz 和 50 MHz 的菱形频标；显示外接时，扫描线上显示外接信号频率的频标。

(10) 外接频标输入：当频标选择开关置于外接频标挡时，外来的标准信号发生器的信号由此接线柱引入，此时在扫描线上显示外频标信号的标记。

(11) 频标幅度旋钮：用来调节频标幅度大小。一般幅度不宜太大，以观察清楚为准。

(12) 点频、扫频转换旋钮：测试时置于扫频位置。

(13) 扫频宽度旋钮：用于调节扫频宽度。

(14) 中心频率度盘：能连续地改变中心频率，度盘上所标定的中心频率不是十分准确的，一般是采用边调节度盘边看频标移动的数值来确定中心频率位置。

(15) 扫频电压输出插座：扫频信号由此插座输出，可用 75 Ω 的匹配电缆探头或开路电缆来连接，引送到被测电路的输入端，以便进行测试。

(16) 输出衰减(dB)开关粗调旋钮：根据测试的需要，选择扫频信号的输出幅度大小。按开关的衰减量来划分，可分粗调、细调两种。粗调挡级有 0 dB、10 dB、20 dB、30 dB、40 dB、50 dB、60 dB、70 dB 八个挡级。

(17) 输出衰减(dB)开关细调旋钮：细调挡级有 0 dB、1 dB、2 dB、3 dB、4 dB、5 dB、6 dB、7 dB、8 dB、9 dB、10 dB。粗调和细调衰减的总衰减量为 80 dB。

2. 扫频仪的探头

本仪器配有检波输入、开路输入、匹配输出、开路输出等四根测量电缆探头。前面两种输入电缆用来连接被测电路输出端与示波器输入端，实现扫频特性显示，后面两种输出电缆用来连接扫频仪信号输出端与被测电路输入端。电缆线的阻抗为 75 Ω，它们的一端有插头接到扫频仪的"Y 轴输入"或"扫频电压输出"插座上；另一端不尽相同，开路输入(输出)电缆探头通过夹子或探针直接和被测电路相接。

(1) 输入电缆探头的选择。当被测网络的输出端有检波器时(如电视接收机的图像中放)，应选用开路输入电缆探头；若被测网络的输出端不带检波器(如电视接收机的初放级)，必须使用带检波器探头的输入电缆，它的一端接有二极管检波器，用来检出扫频信号的包络(即被测电路的频率特性曲线)，送到示波器显示。

(2) 输出电缆探头的选择。当被测网络的输入阻抗为 75 Ω 时，应选用匹配输出电缆探头；当被测网络的输入阻抗为高阻抗时，应选用开路输出电缆探头。否则，将由于不匹配使扫频仪的输出信号减小，并产生信号失真，带来测量误差。测试频率越高，越要注意这个问题。

3. 利用扫频仪进行电路幅频特性测试的基本方法

(1) 测试准备。检查电源电压与仪器工作电压是否相符，仪器设有 220/110 V 电源变换插头；仪器接通电源预热 30 min 后，调好辉度和聚焦，便可对仪器进行检查。

（2）频标的检查。将频标选择开关置于 1 MHz 或 10 MHz 挡，扫描基线上应呈现出若干个菱形频标信号，调节频标幅度旋钮可以均匀地改变频标的大小。

（3）输出扫频信号频率范围的检查。仪器的扫频信号频率覆盖范围（即中心频率覆盖范围）应达到 1～300 MHz，三个波段的衔接应有适当余量。检查时将仪器输入端接入检波输出电缆，仪器输出端接上 75 Ω 的匹配电缆，然后直接连接这两根电缆探头，Y 轴增益调整得当屏幕上即显示出理想的矩形曲线（由于等幅的扫频信号经检波后的输出为一直流电压，因此在屏幕上显示出一个矩形曲线）。

在进行测试前检查的基础上，可进行幅频特性的测试。图 6.6 为电路幅频特性测试方框图。

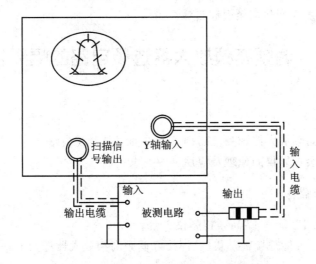

图 6.6　电路幅频特性测试方框图

（4）根据被测电路指标规定的中心频率值，选择适当的波段开关挡级，调节中心频率度盘。

（5）按图 6.6 所示电路，连接被测电路。

（6）选择适当的输出衰减开关和 Y 轴增益旋钮。

（7）选择测试所需的频标选择开关挡级和适当调节频标幅度旋钮。

（8）根据扫频仪屏幕上所显示的幅频特性曲线和控制面板上相应装置位置，进行定量读数。

频标的读法：测读频标时，须先把频标选择开关置于 10 MHz 处进行粗测。在此基础上，再转换频标选择至 1 MHz 进行精测。当中心频率在下限"0"附近时，屏幕上有一个宽度比其余频标宽很多、由若干正弦波形构成的菱形频标，这就是 0 MHz 的频标。在它右边的第一个大频标是 10 MHz，第二个大频标是 20 MHz，依次类推。在相邻两个大频标的中心，幅度稍低的频标是分度为 5 MHz 的频标，例如，在 20 MHz 和 30 MHz 中间的幅度稍低的频标表示 25 MHz，其余可类推。

根据输出衰减旋钮挡位和幅频特性曲线的高度，可读出被测电路的增益，这必须先进行 0 dB 校正。校正时，将扫频仪的输入和输出电缆直接相连，"输出衰减"开关置于"0 dB"，"Y 轴衰减"开关置于"10"位，调节"Y 轴增益"旋钮，使屏幕上显示的矩形有一定的高度（例如为 5 格），这个高度称为 0 dB 校正线，然后按图 6.6 所示接入被测电路。在保持"Y轴增益"旋钮位置不变的情况下，改变"输出衰减"开关的挡位，使显示的幅频特性曲线的高度处于 0 dB 校正线附近，如果高度正好和 0 dB 校正线等高，则"输出衰减"开关所指分贝刻度即为被测电路的增益值。如果幅频特性曲线高度不在 0 dB 校正线上，则可根据每格的增益倍数（由分贝数折算）进行粗略的估算。

注意事项：

（1）当扫频仪与被测电路相连接时，必须考虑阻抗匹配问题。

（2）在显示幅频特性时，如发现图形有异常的曲折，则表示被测电路有寄生振荡，在测试前应予以排除。

（3）被测电路的输入和输出端不应加接较长的过渡导线，否则导线间的电容寄生耦合会使幅频特性曲线发生变化甚至引起自激。

实训 6.2　调频高频放大器选频电路的幅频特性测试

1. 实训目的

（1）学会调频高频放大器选频电路幅频特性曲线的测量方法。

（2）进一步学会扫频仪的原理及应用。

2. 实训设备与器件

（1）实训设备：BT−3C 型高频扫频仪 1 台。

（2）实训器件：万能焊接板 1 块（已焊接好调频高频放大器选频电路）。

3. 实训电路与说明

（1）实训电路。图 6.7 为某调频立体声收音机的调频高频头的输入回路、高频放大器及其调谐回路的电路图，为简化起见，天线及二极管输入信号保护电路在图中未画出。

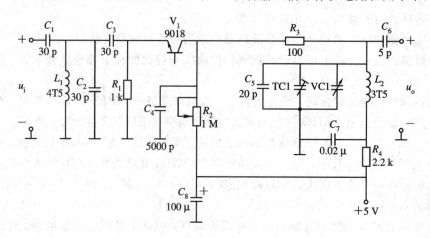

图 6.7　调频高频放大器选频电路

（2）原理说明。当天线接收的信号经输入保护和限幅后作为 u_i 加入此电路输入端时，

L_1、C_1、C_2、C_3 等组成一个带通滤波器，通带频率约为 $87 \sim 108$ MHz，制作 L_1 可采用 0.5 mm 的漆包线绕制 4.5 圈，绕制外径为 4 mm；V_1 为高频放大管；R_1、R_2 为 V_1 的偏置电阻，在具体测试时，应调节 R_2 使 R_1 上直流电压约为 0.5 V，以保证高频三极管 V_1 正常偏置；R_3 为 V_1 输出端的隔离电阻；C_5、TC_1、VC_1、C_7 和 L_2 组成高频放大器的可变调谐回路，VC_1 为初调可变电容，容量为 270 pF；TC_1 为细调可变电容，容量为 20 pF 左右；C_5 为一固定电容。当发生并联谐振时，L_2 两端的电压最大，在用扫频仪作频率特性分析时，可在显示屏上显示出输出信号 u_o 的幅频特性，在谐振频率处将显示出对应的谐振曲线。

4. 实训内容与步骤

1) 实训内容

(1) 进行调频高频放大器选频电路幅频特性的实际测试。

(2) 了解带通滤波器及可变调谐回路的结构和工作原理。

(3) 观察和说明调频高频放大器选频电路的幅频特性曲线。

2) 实训步骤

(1) 按图 6.7 所示在万能板上焊接好调频高频放大器选频电路。

(2) 调节扫频仪的"电源、辉度"旋钮。顺时针旋动此旋钮即可接通电源，继续顺时针旋动，使荧光屏上出现亮度适中的扫频基线。

(3) 将"输出衰减"旋钮的粗调和细调都旋至 0 dB 处。

(4) 将"Y 轴衰减"旋钮置于"10"位。

(5) 将"扫描电压输出"探头与"Y 轴输入"探头短接，调节"Y 轴增益"，使屏幕上显示的矩形有一定的高度(例如为 5 格)，这个高度称为 0 dB 校正线。

(6) 将"扫描电压输出"探头接入调频高频放大器选频电路的输入端；"Y 轴输入"探头接调频高频放大器选频电路的输出端。

(7) 调节"频标幅度"旋钮，使频标大小和间隔宽度适中。

(8) 改变"输出衰减"旋钮的粗调和细调，使显示的幅频特性曲线的高度处于 0 dB 校正线附近。

(9) 调节扫频仪的"中心频率度盘"旋钮至中心频率 98 MHz 左右，观察扫频仪显示屏上显示出的幅频特性曲线波形。

【本 章 小 结】

电路的频率特性是指在频率范围内讨论电路中的某些参量随频率的变化关系，常称之为幅频特性和相频特性。测量线性电路或网络幅频特性的仪器称为频率特性测试仪，通常又称为"扫频仪"。它的核心部件是扫频信号源，它用扫频信号代替人工点频信号，借助于示波器来实时显示被测电路的频率特性曲线。

目前，国产的扫频仪基本上可分为超低频扫频仪(如 BT—6A，$10 \sim 479.7$ Hz)、低频扫频仪(如 BT—4A 型，20 Hz $\sim$ 2 MHz)、高频扫频仪(如 BT—5 型、BT—9 型、$0.2 \sim$ 30 MHz)、超高频扫频仪(如 BT—3 型、BT—3C 型、BT—2 型，$1 \sim 300$ MHz；BT—20

型，300～1000 MHz；BT－32 型，450～910 MHz)和微波扫频仪(如 XS2 型、XS3 型，3.7～11.4 GHz)等。

利用扫频仪进行电路幅频特性测试时，要注意设置面板各旋钮的合适量程和挡位，并正确读识频标；要注意被测电路与扫频仪间的输入输出的正确接线及探头的匹配。

在扫频仪上进行 RLC 串联交流电路幅频特性测试时，我们将看到当频率为某一数值时，幅频特性曲线上输出电压的大小为零，这一频率就是谐振频率。

放大电路的幅频特性表现在中频段放大倍数与频率无关，而在低频段和高频段放大倍数都要下降。

进行电路的幅频特性测试时，一定要注意所使用的扫频仪的中心频率范围应能覆盖待测电路的频带范围，否则将不能正确及全面地显示电路的真实幅频特性。

习　题　6

6.1　什么是电路的幅频特性？在测量 RLC 串联交流电路幅频特性时，当用手指轻压电感线圈时，为什么幅频特性曲线上零电压点左移？

6.2　扫频仪主要有哪些类型？它主要由哪几部分组成？

6.3　什么是扫频信号？常用的扫频方法有哪两种？

6.4　什么是频标？产生频标的方法主要有哪几种？

6.5　为什么幅频特性的高度如果和 0 dB 校正线等高，则输出衰减开关所指的分贝刻度即为被测电路的增益值？

6.6　说明放大电路在低频段和高频段放大倍数下降的原因。

6.7　怎样测量放大电路的通频带？

6.8　在实训 6.2 中，如将"Y 轴输入"探头接至带通滤波电路的输出端(即电阻 R_1 两端)，测试其幅频特性，观测其上、下限频率及通频带。

6.9　对于图 6.8 所示的低频单管放大电路，不能采用 BT－3C 型超高频扫频仪来进行幅频特性的测试，试用其它类型扫频仪，如国产低频扫频仪(BT－4A 型，20 Hz～2 MHz)、进口扫频仪(MSW－7125A 型，0.1～110 MHz)等对其进行幅频特性的测试，并作出相应的分析与说明。

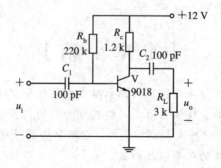

图 6.8　题 6.9 图

第 7 章　稳压电源的制作与电路分析

　　在本章中我们将通过直流稳压电源的制作来阐述在电子技术操作及电路制作过程中一些基本的电子产品的生产实际，了解电子工艺的一般知识和掌握最基本的技能，如读图、查阅手册、组装、手工焊接技能及小型电子产品的加工与调试等，以期对电子技术操作课程做一综合性的概括和总结。

实训 7.1　直流集成稳压电源的制作

1. 实训目的

　　(1) 了解直流稳压电源的基本结构。
　　(2) 训练查阅手册、读图、组装、焊接及调试的能力。
　　(3) 熟悉和正确使用三端集成稳压器。
　　(4) 掌握稳压电源技术指标的测试方法。

2. 实训设备与器件

　　(1) 实训设备：示波器 1 台，万用表 1 块，电烙铁等常用电工工具 1 套。
　　(2) 实训器件：电源变压器 1 台(220V/18V×2，1A)，二极管 IN4004 4 只，三端集成稳压器 W7815 和 W7915 各 1 块，万能焊接板 1 块，电阻，电容，导线若干。

3. 实训电路与说明

　　图 7.1 所示为直流集成稳压电源电路，它主要由电源变压器、单相桥式整流器、电容滤波器、三端集成稳压器等组成。电源变压器把交流 220 V 电压变为双 18 V 交流电，经由二极管 $V_{D1} \sim V_{D4}$ 组成的桥式整流电路作用后，得到脉动直流电，再经 C_1 和 C_2 滤波后得到 17.5 V 的直流电，作为三端集成稳压器 W7815、W7915 的输入电压，最后在输出端得到 +15 V 和 −15 V 的直流电。电容器 C_3 和 C_5 为稳压块的输入端补偿电容，其作用是消除输入端引线过长引起的自激振荡，抑制电源的高频干扰，安装时使其尽量靠近集成稳压器，C_4 和 C_6 为输出端补偿电容，其作用是改善输出瞬态响应的状况。

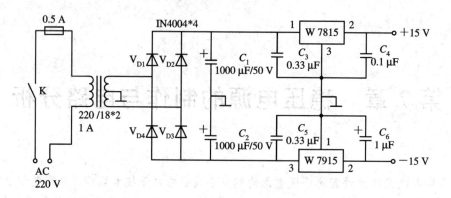

图 7.1　双路输出直流稳压电源原理图

4. 实训内容与步骤

1) 识别和检测元器件

对照电路图认真核对各个元器件的型号、参数，用万用表等工具对重要元器件进行初步的检测，以确保元器件性能符合要求。

2) 连接线路

（1）装配图的布局。元器件在装配图上的实际位置与电路原理图上的位置可能会有所不同，这主要是从元器件的散热、彼此干扰的减少、便于在设备外部调整等方面考虑所致，装配图的总体布局原则是：

① 电路所用元器件要尽量集中放置，使元器件间连线尽量缩短。

② 发热元件，如变压器、大功率集成电路等要放在便于通风的位置。

③ 尽量减少元件间的相互有害干扰，如受温度影响性能变化比较大的元器件要远离发热元器件等。

④ 便于操作、调整和检修。

（2）安装与焊接。根据装配图总体布局的原则，确定本电路图中各部分元器件在电路板上的具体位置，将待焊接的元器件预先处理后焊接在电路板上。具体焊接时，要注意W7815 和 W7915 的管脚、电解电容 C_1 和 C_2 的正负极以及二极管的正负极不要接错，各部分要共地，焊点要圆滑、无毛刺、无虚焊、美观、整洁。

3) 电路调试

电路的调试过程一般是先分级调试，再联级调试，最后进行整机调试与性能指标的测试。

本电路具体调试过程为：通电前，用万用表测试是否有断路和短路的情况，共地点是否可靠共地，二极管、电容器、稳压块在焊接过程中是否有损坏等，在排除了可能存在的问题后，就可进行通电调试了；通电后，观察各元件是否存在异常，如出现元件发热过快、冒烟、打火花等现象，应立即断电检查，直至排除故障。用万用表测试稳压块各管脚的电压值是否正常，然后再用示波器观察各部分的输出波形是否正常。

在完成了以上调试后，可以通过改变输入的电压值和负载值来测量稳压电源输出的电压值是否稳定在设计要求范围内，以此来评价这一稳压电源性能的优劣，即稳压性能试验。

5. 实训总结与分析

直流稳压电源的作用是将交流电转换为平稳的直流电，其核心部分就是整流电路和稳压电路。常用的整流电路有半波整流和全波整流两种，其中桥式整流是最典型的全波整流方式。整流输出的脉动直流电经滤波电路处理后能得到较为平稳的直流电，再经过稳压电路的作用可以得到较好的直流电，在电子电路中常采用由 W78 系列和 W79 系列三端集成稳压器构成的稳压电路。集成稳压器具有体积小、稳定性高、输出电阻小、温度性能好等优点，因而获得了极为广泛的应用，下面将做专门的介绍。

7.1　稳压电路工作原理介绍

7.1.1　三端集成稳压器的引脚识别与性能检测

1. 引脚识别

三端集成稳压器的封装有金属封和塑封两种，外形如同一只大功率晶体管，管脚排列如图 7.2 所示。稳压器共有三个端，故称三端稳压器，它有 W78 系列和 W79 系列两种类型：W78$\times\times$系列输出正电源，如 W7805 输出＋5 V 的电源；W79$\times\times$系列输出负电源，如 W7915 输出－15 V 的电源。根据系列和封装形式不同，其管脚的作用、排列也不同。

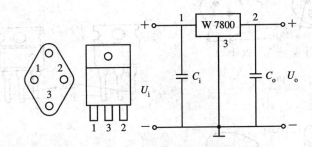

图 7.2　三端稳压器的引脚排列

W78$\times\times$系列的管脚排列及其作用：塑封式的脚 1 为输入端，脚 2 为输出端，脚 3 为公共端；金属封装式只有两个引出脚 1、2，第 3 脚与金属外壳相通，为公共端。

W79$\times\times$系列的管脚排列及其作用：塑封式的脚 1 为公共端，脚 2 为输出端，脚 3 为输入端；金属封装式只有两个引出脚 1、2，第 3 脚与金属外壳相通。

除固定三端稳压器外，还有一种常用的可调三端稳压器 LM317T，外形和 W78$\times\times$相似，其中 1 为可调端，2 为输出端，3 为输入端。2 端输出电压值通过 1 端电压的变化来调节。

2. 质量鉴别

对于 78$\times\times$和 79$\times\times$系列的三端稳压器，鉴别其质量可使用万用表的 $R\times100$ 挡，分别检测其输入端与输出端的正、反向电阻值。正常时，阻值相差在数千欧以上；若阻值相差很小或近似为零，说明其已损坏。

3. 性能检测

最常用的正三端稳压器是 W78×× 系列，具有 5～24 V 不同的稳压值，其值由 78 后面的两位数×× 示出。例如，W7812 输出电压为 12 V，W7815 输出电压为 15 V。这一系列的额定输出电流为 1.5 A，最大可达 2.2 A，具有很强的带负载能力。除 W78×× 之外，正三端稳压器还有 W78L×× (0.1 A)、W78M×× (0.5 A)、W78T×× (3 A)、W78H×× (5 A)四个系列，分别具有括号中所示的额定电流输出能力，以适应不同功率的电子设备。负三端稳压器 W79 系列和 W78 系列类似，其输出电压和电流也用同样的方法表示出来。欲较全面地检测其性能好坏，必须将其接入正常使用的电路中，按技术指标逐项检测。

常见三端稳压器的外形图如图 7.3 所示。

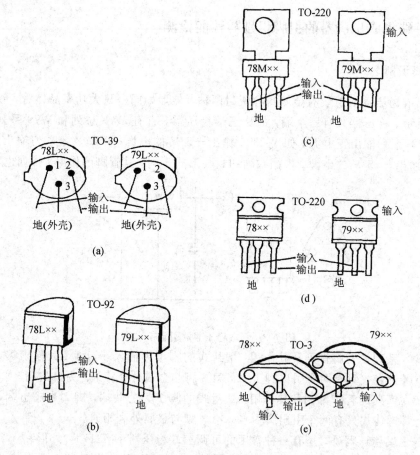

图 7.3　常见三端稳压器的外形图

7.1.2　稳压电源的基本工作原理

直流稳压电源是一种通用的电源设备，它能为各种电子仪器和电路提供稳定的直流电源。当电网电压波动、负载变化和环境温度在一定范围内变化时，其输出电压能维持相对稳定。直流稳压电源一般由电源变压器、整流器、滤波器、稳压器四个部分组成，如图 7.4所示。

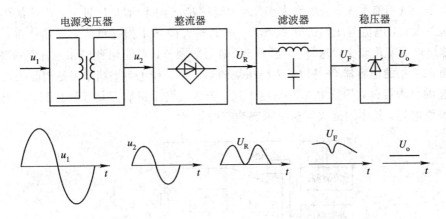

图 7.4　直流稳压电源基本组成及稳压过程示意图

电源变压器将交流电网电压 u_1 降为整流器所需的输入电压 u_2。

整流器的功能是将输入的交流电压变为脉动的直流电压。在图 7.4 所示的电路中，整流器是由四只整流二极管 IN4004(1A) 按一定顺序搭接成的桥式整流器。其工作原理为：当在 u_2 的正半周时，V_{D1} 和 V_{D3} 导通；而在负半周时，V_{D2} 和 V_{D4} 导通；这样，利用二极管的单向导电性将单相交流电变成单方向流动的全波脉动直流电。其输出电压为 $U_R=0.9U_2$。

在整流器的输出端并联上容量很大的电容即构成小功率直流稳压电源常用的电容滤波电路。利用该储能元件(在本电路中 C_1 和 C_2)的充放电，便可得到"平波"的效果。当 U_R 增加时，它会"充电"将电能储存起来；当 U_R 降低时，它会"放电"将电能释放出来，如此往复地"充电"、"放电"，就使 U_F 比较平滑。

集成三端稳压器内部由"取样电路"、"基准电压"、"比较放大环节"和"调整环节"四个部分组成，如图 7.5 及图 7.6 所示。当稳压器的输出电压因电网电压波动、负载变化或环境温度变化而变化时，"取样电路"将输出电压 U_o 的一部分与"基准电压"进行比较，比较的差值经"比较放大环节"放大后去驱动"调整环节"，改变其调整管的压降(增加或减少)，从而维持输出电压的相对稳定，故称稳压电路。显然这是一个"有差即动，无差不动"的带有负反馈的闭环有差调节系统，而且"比较放大环节"放大能力愈大，整个系统的调节功能就愈强。为了保证"调整环节"有足够的调整空间，输入与输出电压之间应留有 2~3 V 的

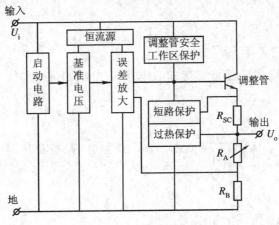

图 7.5　W78×× 系列稳压器电路框图

电压差。压差既不能太大，也不能太小，因为流过 R_L 的电流即是流过与之串联的调整管的电流。压差太大，电流与压差的乘积就大，即调整管的功率损耗就大，发热严重；压差太小，若输出电压变化较大，这样"调整环节"则无法调节，不能保证输出电压的相对稳定。例如，图 7.1 中的电容器 C_3 和 C_5 为稳压块的输入端补偿电容，其作用是消除输入端引线过长引起的自激振荡，抑制电源的高频干扰，安装时要尽量靠近集成稳压器。C_4 和 C_6 为输出端补偿电容，其作用是改善输出瞬态响应的状况。

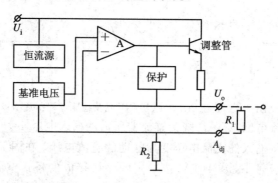

图 7.6 LM317 系列稳压器电路框图

7.1.3 主要性能指标及其测试方法

衡量直流稳压电源的性能指标有两种：特性指标和质量指标。

1. 特性指标

分别测量稳压电源的交流输入电压 u_i、单相桥式整流电容滤波电路的输出电压 U_F（即集成稳压器的输入）、稳压电源的输出电压 U_o 以及 W7815 和 W7915 的输入压差，分析测量结果是否符合原理说明中所叙述的数量关系。

2. 质量指标

（1）稳压系数：

$$\gamma = \left. \frac{\dfrac{\Delta U_o}{U_o}}{\dfrac{\Delta U_F}{U_F}} \right|_{(\Delta I_o = 0,\ \Delta T = 0)}$$

操作时，利用单相自耦调压器可交流输入电压 u_i 分别增减 10%，用万用表监测 U_o 的变化。

（2）输出电阻：

$$R_o = \left. \frac{\Delta U_o}{\Delta I_o} \right| (\Delta U_F = 0,\ \Delta T = 0,\ R_L\ \text{变化})$$

R_o 愈小愈好。

（3）纹波系数：

$$r = \frac{u_o}{U_o}$$

r 愈小愈好。纹波电压 u_o 是指在稳压电路输出端叠加在直流输出电压 U_o 上的交流分量的有效值，一般为 mV 数量级。操作时，用双踪示波器分别观测和比较 W7815 的输入端和输出端纹波电压的频率及其峰峰值。

7.1.4　安全使用注意事项

尽管集成稳压器本身具有短路保护的电路装置，但是，如使用不慎，仍会造成集成稳压器的损坏。如集成稳压器输入端对地瞬时短路，或者在输入端的滤波电容开路情况下切断"全桥"的输出，都会使得集成稳压器输出端电压瞬时值高于输入端电压。一旦压差超过其调整管发射结所允许的反向击穿电压极限值，将导致器件损坏。为了避免上述事故的发生，可在集成稳压器输入端和输出端接入一只二极管 V_D，并在输出端接入负载 R_L 或一只泄放电阻 R。

7.2　电子线路图读图基本知识介绍

7.2.1　电子线路图的分类

电子线路图是用来描述电子设备、电子装置的电气原理、结构、安装和接线方式的图样。它是电子技术领域相互交流的共同技术语言，是指导电子产品生产、调试和维修的重要技术资料。电子线路图用元件符号、代号来表示元件实物，用线条表示实物之间的连接关系，这样看起来也就简单扼要、清楚明显。不同的符号、代号表示不同的元器件实物，在国内、国际是有统一规定的。

电子产品的制造和装配过程中使用的图纸有许多种类型，电子线路图一般可分为示意图、方框图、原理图、印刷电路版图和装配图(安装图)等。

1. 示意图

电子线路图最简单的一种是示意图或简图，也叫布置图，它表示元件如何装置在机壳内。示意图通常是分解图，表示元件装配的次序和各元件间的正确位置，为了便于查阅，各种元件和接头可以用字母或数字标注在图上。

2. 方框图

将组成电子设备的单元电路用正方形或长方形的方框表示，并用线段和箭头把它们连接起来，表示整个设备各组成部分之间的相互关系。带箭头的单线表示电信号的走向，方框图也起信号流程图的作用。方框图对于最后测试和排除故障的技术人员来说是基本的参考图，测试人员通常使用标有参考值的方框图。

3. 电原理图

电原理图也叫电路原理图。它是用来表示电子设备工作原理的，只能用元件符号、代号表示元件实物。不同的符号、代号表示不同的元件实物。大多数情况下，原理图都附加有关的电气参数和元件值、色标、元件代号等文字和数字标号。

4．印制线路图

印制线路图又称印刷电路板图、印制电路板图。实际上它是一种布线图，用来制作印制线路板的图纸。印制线路图是根据电路原理图设计的，该图只绘制线路（印制线路）和接点（焊盘），不绘出元件的符号和代号，如图7.7所示。

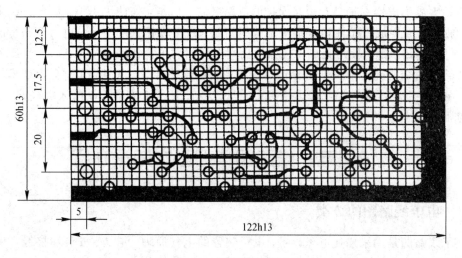

图 7.7　印制线路图

5．安装图

安装图是提供较直观的接线和组装工艺的图样。安装图又称焊接图、实物图、布置图和装配图等。图7.8就是安装图的一种。印刷线路板的安装图通常叫印制线路布线图或简称布置图。

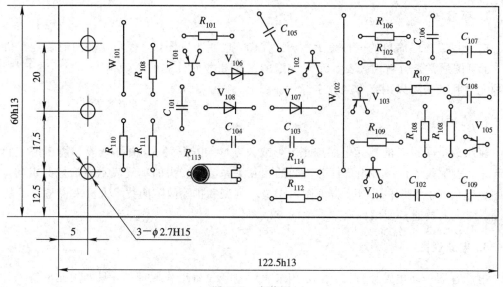

图 7.8　安装图

7.2.2　读图的一般方法

所谓读图是指在认识图形符号和掌握电子技术基础理论知识的前提下,利用读图的一般方法,对图形所描述的功能、特点、工作原理等逐一分析与理解,掌握图中所给出的全部信息。读图的一般方法如下:

(1) 弄清功能,将图形划分成几个功能模块。

(2) 突出重点,找出核心单元电路和关键点。

(3) 明确电路的工作状态,逐级分析。

(4) 按信号流程归纳、总结全电路的工作原理和特性。

7.3　焊　接　技　术

装配、焊接是电子设备制造中极为重要的一个环节,任何一个设计精良的电子装置,没有相应的工艺保证是难以达到技术指标的。从元器件选择、测试,直到装配成一台完整的电子设备,需经过多道工序。在专业生产中,多采用自动化流水线。但在产品研制、设备维修乃至一些生产厂家,目前仍广泛应用手工装配焊接方法。在这里主要介绍手工锡焊的技术与工艺。

7.3.1　焊接工具

1. 电烙铁

电烙铁是手工施焊的主要工具,选择合适的烙铁并合理地使用它是保证焊接质量的基础。由于用途、结构的不同,有各式各样的烙铁。按烙铁的功率分,有 20 W、30 W …300 W 等。最常用的是单一焊接用的直热式电烙铁,它又可分为内热式和外热式两种,图7.9 所示为典型直热式烙铁的结构示意图。

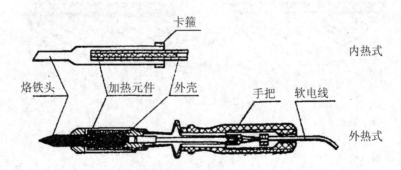

图 7.9　典型直热式烙铁结构示意图

在进行科研、生产和仪器维修时,可根据不同的施焊对象选择不同功率的普通烙铁。在有特殊要求时,可选择感应式、调温式电烙铁等。电烙铁的功率和类型的选择,一般是根据焊件的大小与性质确定的。

紫铜烙铁头经使用一段时间后,表面会凹凸不平,而且氧化严重,在这种情况下需要修整。一般是将烙铁头拿下来，夹到台钳上粗锉，修整成自己要求的形状，然后再用细挫修平，最后用细砂纸打磨光。焊接集成电路、计算机设备时，普通烙铁头显得太粗，可以将其头部用锤子锻打到合适的粗细度，再按上述方法修整。

修整后的烙铁头应立即镀锡，方法是将烙铁头装好后，在松香水中浸一下，然后通电，待烙铁热后，在木板上放些松香并放一段焊锡，烙铁头沾上锡后在松香中来回摩擦，直到整个烙铁头修整面均匀镀上一层锡为止。也可以在烙铁上沾上锡后，在湿布上摩擦，再沾锡，反复摩擦。

应该记住，新烙铁通电前，一定要先浸松香水，否则表面会生成难镀锡的氧化层。

2. 其他常用工具

除了电烙铁，焊接时常用的工具还有尖嘴钳、平嘴钳、斜嘴钳、剥线钳、平头钳（克丝钳）、镊子、螺丝刀和吸锡器等。

7.3.2　镀锡技术

1. 镀锡机理

元器件引线一般都镀有一层薄的纤料，但时间一长，引线表面会产生一层氧化膜，影响焊接。所以，除少数有良好银、金镀层的引线外，大部分元器件在焊接前都要重新镀锡。

镀锡，实际就是锡焊的核心。液态焊锡对被焊金属进行表面浸润，形成一层既不同于被焊金属又不同于焊锡的结合层。这一结合层将焊锡同待焊金属这两种性能、成分都不相同的材料牢固连接起来，如图 7.10 所示。而实际的焊接工作只不过是用焊锡浸润待焊零件的结合处，熔化焊锡并重新凝结的过程。不良的镀层未形成结合层，只是在焊件表面"粘"了一层焊锡，这种镀层很容易脱落。

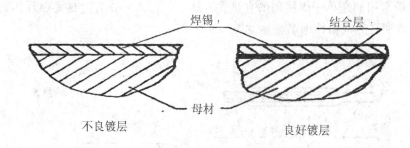

焊锡　　　　　　　　　结合层

不良镀层　　　　　　　　　良好镀层

母材

图 7.10　镀锡机理

2. 镀锡要点

（1）待镀面应清洁。各种元器件、焊片、导线等都可能在加工、存储的过程中带有不同的污物，轻则用酒精或丙酮擦洗，严重的腐蚀性污点只能用机械办法去除，包括刀刮或砂纸打磨，直到露出光亮金属为止。

（2）温度要足够。要使焊锡浸润良好，被焊金属表面温度应接近熔化时的焊锡温度，这样才能形成良好的结合层，因此必须掌握恰到好处的加热时间。

（3）要使用有效的焊剂。松香是广泛应用的焊剂，但松香经反复加热后就会失效，发黑的松香实际已不起什么作用，应及时更换。

7.3.3　手工烙铁焊接技术

有人认为烙铁焊接是很容易的事，似乎没有什么技术可言，这是非常错误的看法。没有相当时间的焊接实践、用心领会和不断总结，即使是较长时间从事焊接工作的人也难保证每个焊点的质量。充分了解焊接机理再加上用心的实践才有可能在较短的时间内掌握焊接的基本技能。下面讲述的一些具体方法和注意点都是实践经验的总结，对初学者而言无疑是一种捷径。

1. 焊接操作姿势

电烙铁握法有三种，如图 7.11 所示。反握法动作稳定，长时间操作不易疲劳，适于大功率烙铁的操作。正握法适于中等功率烙铁或带弯头电烙铁的操作。一般在操作台上焊印制板等焊件时多采用握笔法。

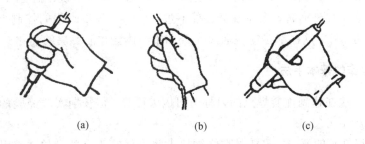

(a)　　　　　　　(b)　　　　　　　(c)

图 7.11　电烙铁的基本握法

（a）反握法；（b）正握法；（c）握笔法

焊锡丝一般有两种拿法，如图 7.12 所示。

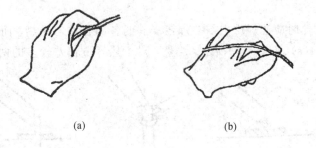

(a)　　　　　　　　　(b)

图 7.12　焊锡丝的拿法

（a）连续锡焊时焊锡丝的拿法；（b）断续锡焊时焊锡丝的拿法

2. 焊接操作的基本步骤

下面介绍的五步操作法有普遍意义，如图 7.13 所示。

（1）准备施焊。左手拿焊丝，右手握烙铁（烙铁头应保持干净并吃上锡），处于随时可施焊状态，见图 7.13(a)。

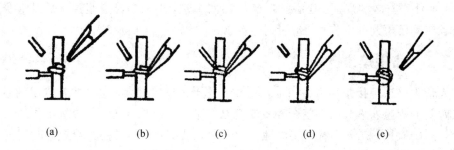

(a)　　　　　　(b)　　　　　　(c)　　　　　　(d)　　　　　　(e)

图 7.13　锡焊五步操作法

（2）加热焊件。应注意加热整个焊件，例如图中的导线与接线往往要均匀受热，见图7.13(b)。

（3）送入焊丝。加热焊件达到一定温度后，焊丝从烙铁对面接触焊件（而不是烙铁），见图 7.13(c)。

（4）移开焊丝。当焊丝熔化一定量后，立即移开焊丝，见图 7.13(d)。

（5）移开烙铁。焊锡浸润焊盘或焊件的施焊部位后，移开烙铁，见图 7.13(e)。

对于小热容量焊件而言，上述整个过程不过 2～4 s，各步时间的控制、时序的准确掌握、动作的协调熟练，这些都是应该通过实践和用心体会才能解决的问题。

3. 焊接操作的基本手法

具体操作手法在达到优质焊点的目标下可因人而异，但长期实践经验的总结对于初学者的指导作用亦不可忽略。

（1）保持烙铁头的清洁。要随时在烙铁架上蹭去烙铁头上的杂质，或用一块湿布或湿海绵随时擦烙铁头。

（2）采用正确的加热方法。要靠增加接触面积加快传热，而不要用烙铁对焊件加力。应该根据焊件形状选用不同的烙铁头，或自己修整烙铁头，让烙铁头与焊件形成面接触而不是点或线接触。

还要注意，加热时应让焊件上需要焊锡浸润的各部分均匀受热，而不是仅加热焊件的一部分，如图 7.14(a)、(b)、(c)所示。当然，对于热容量相差较多的两个部分焊件，热应

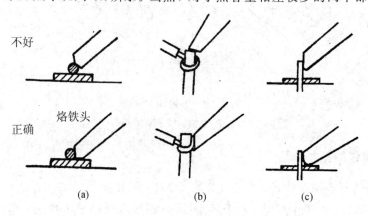

(a)　　　　　　　　(b)　　　　　　　　(c)

图 7.14　正确的加热方法

偏向需热较多的部分，这是顺理成章的。

（3）加热要靠焊锡桥。所谓焊锡桥，就是指靠烙铁上保留少量焊锡作为加热时烙铁头与焊件之间传热的桥梁。由于金属液的导热效率远高于空气，因此焊件很快被加热到焊接温度。

（4）烙铁撤离有讲究。烙铁撤离要及时，而且撤离时的角度和方向对焊点形成有一定关系。图 7.15 所示为不同撤离方向对焊料的影响。撤烙铁时轻轻旋转一下，可保持焊点有适当的焊料。

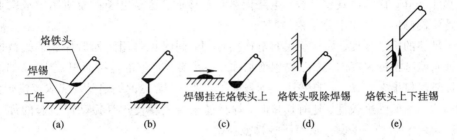

图 7.15　烙铁撤离方向和焊锡量的关系
（a）烙铁轴向 45°撤离；（b）向上撤离；（c）水平方向撤离；
（d）垂直向下撤离；（e）垂直向上撤离

（5）在焊锡凝固之前不要使焊件移动或振动。在焊锡凝固前，一定要保持焊件静止，用镊子夹住焊件时，一定要等焊锡凝固后再移去镊子。

（6）焊锡量要合适。焊锡量既不要过多，也不能过少，原因如图 7.16 所示。

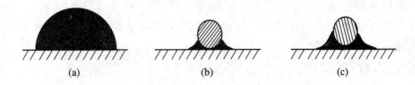

图 7.16　焊锡量的掌握
（a）过多浪费；（b）过少焊点强度差；（c）焊锡量合适的合格焊点

（7）不要用过量的焊剂。合适的焊剂量应该是松香水仅能浸湿将要形成的焊点，不要让松香水透过印刷板流到元件面或插座孔里（如 IC 插座）。对使用有松香心的焊丝来说，基本不需要再涂松香水。

（8）不要用烙铁头作为运载焊料的工具。有人习惯用烙铁沾上焊锡去焊接，这样很容易造成焊料的氧化和焊剂的挥发，因为烙铁头温度一般都在 300℃左右，焊锡丝中的焊剂在高温下容易分解失效。

7.3.4　焊点要求及质量检查

焊接是电子产品制造中最主要的一个环节，一个虚焊点就能造成整台仪器设备的失灵。要在一台有成千上万个焊点的设备中找出虚焊点并不是件容易的事。据统计，现在电子设备中故障的近一半是由于焊接不良引起的。观察一台仪器的焊点质量，可看出制造厂的工艺水平，了解一个电子工作者的焊接操作水平就可以评估他的基本功。

1. 对焊点的要求

（1）可靠的电连接。电子产品的焊接是同电路通断情况紧密相连的。一个焊点要能稳定、可靠地通过一定的电流，没有足够的连接面积和稳定的组织是不行的。因为锡焊连接不是靠压力，而是靠结合层形成牢固连接的合金层达到电连接目的的。如果焊锡仅仅是将焊料堆在焊件表面，或只有少部分形成合金层，那么在最初的测试和工作中也许不能发现焊点不牢。但随着条件的改变和时间的推移，接触层氧化，脱焊出现了，电路将时通时断或者干脆不工作。而这时观察外表，电路依然是连接的，这是电子仪器使用中最头疼的问题，也是仪器制造者必须十分重视的问题。

（2）足够的机械强度。焊接不仅起电连接作用，同时也是固定元器件保证机械连接的手段，因而就有机械强度的问题。要想增加强度，就要有足够的连接面积。当然，如果是虚焊点，焊料仅仅堆在焊盘上，自然谈不到强度了。另外，常见的缺陷是焊锡未流满焊点，或焊锡量过少，因而强度较低。还有焊接时，焊料尚未凝固就使焊件振动而引起的焊点结晶粗大（像豆腐渣状）或有裂纹，从而影响机械强度。

（3）光洁整齐的外观。良好的焊点要求焊料用量恰到好处，外表有金属光泽，没有拉尖、桥接等现象，并且不伤及导线绝缘层及相邻元件。良好的外表是焊接质量的反映，例如，表面有金属光泽是焊接温度合适、生成合金层的标志，而不仅仅是外表美观的要求。

2. 典型焊点的外观及检查

图 7.17 是两种典型焊点的外观，其共同要求是：
（1）外形以焊接导线为中心，匀称、成裙形拉开。
（2）焊料的连接面呈半弓形凹面，焊料与焊件交界处平滑，接触角尽可能小。
（3）表面有光泽且平滑。
（4）无裂纹、针孔、夹渣。

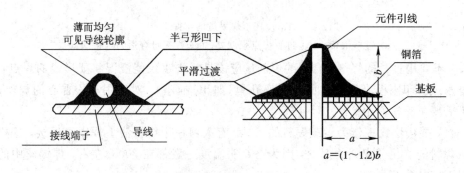

图 7.17　典型焊点外观

外观检查除用目测（或借助放大镜、显微镜观测）焊点是否合乎上述标准外，还包括检查以下各点：① 漏焊；② 焊料拉尖；③ 焊料引起导线间短路（即所谓"桥接"）；④ 导线及元器件绝缘的损伤；⑤ 布线整形；⑥ 焊料飞溅。检查时，除目测外，还要用指触、镊子拨动、拉线等，检查有无导线断线、焊盘剥离等缺陷。

检验一个焊点是否虚焊最可靠的方法就是重新焊一下：用满带松香焊剂、缺少焊锡的烙铁重新熔融焊点,若有虚焊,其必然暴露无疑。

3. 通电检查

通电检查必须是在外观检查及连线检查无误后才可进行的工作,也是检验电路性能的关键步骤。如果不经过严格的外观检查,通电检查不仅困难较多,而且有损坏设备仪器、造成安全事故的危险。例如,电源连线虚焊,那么通电时就会发现设备加不上电,当然无法检查。通电检查可以发现许多微小的缺陷,例如用目测观察不到的电路桥接、内部虚焊等。

4. 常见的焊点缺陷及分析

造成焊接缺陷的原因很多,但主要可从焊料、焊剂、烙铁、夹具这四要素中去寻找。在材料(焊料与焊剂)与工具(烙铁、夹具)一定的情况下,采用什么方式方法以及操作者是否有责任心就是决定性的因素了。表 7 - 1 为常见焊点的缺陷与分析。

表 7 - 1　常见焊点缺陷及分析

焊点缺陷	外观特点	危　害	原因分析
焊料过多	焊料面呈凸形	浪费焊料且可能包藏缺陷	焊丝撤离过迟
拉尖	出现尖端	外观不佳,容易造成桥接现象	① 助焊剂过少,且加热时间过长; ② 烙铁撤离角度不当
桥接	相邻导线连接	电气短路	① 焊锡过多; ② 烙铁撤离方向不当
针孔	目测或用低倍放大镜可见有孔	强度不足,焊点容易腐蚀	焊盘孔与引线间隙太大

焊点缺陷	外观特点	危　害	原因分析
气泡	引线根部有时有喷火式焊料隆起，内部藏有空洞	暂时导通，但长时间容易引起导通不良	引线与孔间隙过大或引线浸润性不良
剥离	焊点剥落（不是铜箔剥落）	断路	焊盘镀层不良
焊料过少	焊料未形成平滑面	机械强度不足	焊丝撤离过早
松香焊	焊缝中夹有松香渣	强度不足，导通不良，有可能时通时断	① 加焊剂过多，或已失效；② 焊接时间不足，加热不足；③ 表面氧化膜未去除
过热	焊点发白、无金属光泽，表面较粗糙	焊盘容易剥落强度降低	烙铁功率过大，加热时间过长
冷焊	表面呈豆腐渣状颗粒，有时还有裂纹	强度低，导电性不好	焊料未凝固前焊件抖动或烙铁瓦数不够
浸润不良	焊料与焊件交壤面接触角过大，不平滑	强度低，不通或时通时断	① 焊件清理不干净；② 助焊剂不足或质量差；③ 焊件未充分加热

续表二

焊点缺陷	外观特点	危　　害	原因分析
不对称	焊锡未流满焊盘	强度不足	① 焊料流动性不好； ② 助焊剂不足或质量差； ③ 助热不足
松动	导线或元器件引线可移动	导通不良或不导通	① 焊锡未凝固前引线移动造成空隙； ② 引线未处理好(浸润差或不浸润)

7.4　调试与诊断技术

7.4.1　调试技术

1. 目的和基本原则

由于元器件参数的分散性、装配工艺的影响和干扰等各种因素的影响，使得安装完毕的电子装置不能达到设计要求的性能指标，需要通过调整和实验来发现、纠正和弥补，使其达到预期的功能和技术指标，这就是电子电路的调试。

调试的一般步骤是：

(1) 经过初步调试，使电子装置处于正常工作状态。

(2) 调整元器件参数以及装配工艺分布参数，使电子装置处于最佳工作状态。

(3) 在设计和元器件参数允许的条件下，改变内部、外部因素(如过压、过流、高温、连续长时间运行等)以检验电子装置性能的稳定性和可靠性。

调试的一般原则是先静态调试后动态调试。调试流程图如图 7.18 所示。

图 7.18　电子装置调试流程图

2. 静态调试

所谓静态调试，是指在电路未加输入信号的直流工作状态下测试和调整其静态工作点和静态技术指标。可按如下步骤进行。

(1) 供电电源及总的静态电流的检查。在此步骤中，可以先观测交流供电情况。检测时，根据电路原理图，有时观察电源指示灯就可初步判断交流电源是否正常。在交流电源正常的情况下，再检测直流供电电压的情况。对于某些短路或开路故障，检查总的静态工作电流有时对分析故障原因很有用处。测总的静态电流时,将电流表串接在直流电源保险丝处是比较简便的测试方法。

(2) 各级静态工作电压及静态电流的测试。在供电电源和总的静态电流基本正常的前提下,就可对各级静态工作电压和静态电流进行测试。如测三极管三个电极对地的电压 U_c、U_b、U_e 以确定此管的工作状态;测 V_{CC}、V_{EE}、V_{DD}、V_{SS} 等以及各有关引线端的直流电压值,以确定此集成器件静态工作参数是否正常。至于测静态电流,一般是通过测各有关的电压以间接测出所需的电流。此外,也可用"短路甩载法"去估测各级的静态电流值。其具体做法是:将电流表串接在总电流路径处(如熔丝处),欲测某级的静态电流值,可将此级的晶体管的基极与发射极之间用导线短路,迫使本级因零偏而截止,此时总电流必减少,其减少的部分就是本级的静态电流值。对于有插座的集成器件,将此集成器件拔掉即可查出本器件所消耗的静态电流值。检查局部短路故障时,监测总电流的变化是一个很有用的方法。对于新设计、组装出来的电子装置,当检测中发现其工作点不正常时,就要找出原因,采取相应的措施进行调整。当然,若工作点基本正常、虽有些偏差但没有大的问题时,亦可暂时不管,待动态检查测试时,若电路仍可满足设计要求,也可不必去重新调整工作点了。只有满足不了设计要求时,才要针对动态测试中发现的问题,重新进行工作点的调整。

3. 动态调试

在检查各级静态参数基本正常的情况下,就可进行动态检查测试。对于静态工作点正常而又不能工作的电子装置,问题就出在与信号通路有关的电路。如级间耦合电容失效、振荡回路中的元件损坏、交流负反馈电路开路、旁路电容器断开等。

动态测试是根据不同的电路,加入不同性质、不同幅度的信号进行测试。其测试方法与单级的动态测试基本相同。

7.4.2 电子装置的故障排除

电子装置千差万别,其故障现象也千奇百怪,但在分析、排除故障时,运用一些基本的方法对帮助排除故障是有益的。当然,下面所列举的几种基本方法并不是每次都要用到,必须根据当时的故障现象有选择地、有针对性地选用。

1. 故障排除的基本方法

(1) 问诊。所谓问诊,是询问使用者有关装置情况和发生故障的经过与故障现象。因为装置使用者是第一直接经验者,从使用者那里可以了解到有助于分析、排除故障的情况。在让设备重现故障有可能扩大故障的情况下,问诊就显得更为重要。

(2) 外观检查。每次检修电子装置,外观检查,包括脱去外壳的外观检查,都是必要的。有时,只外观检查就能发现问题,如电源线、馈线是否开路,面板接线柱是否松动,开关、旋钮是否损坏,天线、馈线孔是否接触不良,转动、机械部分是否卡住等。脱开机壳后,要检查熔丝是否完好,观察有无开焊、断线,元器件有无变色、烧焦、相碰,电解电容有无膨胀变形、流液等故障痕迹,以及有无修理过的地方等,这些都是外观检查的内容。

(3) 通电观察,判断故障范围。将待检修的电子装置通电,以观察故障现象,判断故障的大致范围。通电时,要特别注意集中精力,眼观现象,耳听声音,鼻嗅气味,手摸元件,特别要注意有无保险丝熔断、跳火、冒烟、焦味、发烫、异常响声等，并准备随时切断电源，以防止故障扩大。若通电时不致引起故障扩大，可让装置工作一段时间，转动各调节旋钮，轻轻拨动有怀疑的元器件，观察故障现象的变化。故障现象观察得全与否，直接关系到故障判断的准确程度，这一步至关重要。

2. 故障排除的具体方法

（1）通路法。通路法就是用万用表的欧姆挡去测量通路的阻值，与正常值进行比较，来判断排除故障点。

（2）电阻法。电阻法就是用万用表的欧姆挡去测量电路中可疑处或被怀疑元器件的直流阻值，与正常值进行比较，来判断排除故障点。

（3）电压法。电压法就是用万用表的电压挡去测量电路中某点的电压值，同正常的电压值相比较，来判断排除故障点。

（4）电流法。电流法就是用万用表的电流挡去测量电路中某点的电流值，同正常的电流值相比较，可确定此处有无短路。

（5）替代法。当怀疑某个元器件或单元出现故障时，可用同类型号的元器件或单元去代换，若故障消失，说明判断正确。

（6）验证法。当怀疑某个元器件短路或开路时，可先将其短路或开路，若故障无变化，说明判断正确。

（7）对比法。在电子设备资料不全或对该设备不熟悉时，可用同一型号的好的设备对比测取对应的参数，从而发现故障的部位或故障点。

以上电路故障分析与排除方法仅仅是初步讨论，对于今天千差万别的电子设备，要具体故障具体分析，维修方法灵活运用，不可生搬硬套，方能取得事半功倍的效果。

实训 7.2　指针式万用表的制作

1. 实训目的

（1）了解万用表的基本结构、特点、性能、工作原理和用途。

（2）训练查阅手册、读图的能力。

（3）学会焊接、组装和调试技术。

（4）掌握各种技术指标的测试方法。

2. 实训设备与器件

（1）实训设备：直流稳压电源 1 台，标准电流表 1 块，标准电压表 1 块，电阻箱 1 个，滑线电阻 1 个，自耦变压器 1 台，电烙铁等常用电工工具 1 套。

（2）实训器件：万能焊接板 1 块，磁电式微安表 1 块，波段开关 1 个，二极管，电位器，电阻，导线若干。

3. 实训电路与说明

图 7.19 所示为简易型指针式万用表电路原理及安装图，它主要由直流电压挡、直流电

流挡、交流电压挡、电阻挡等电路部分和磁电式微安表以及波段开关等组成。

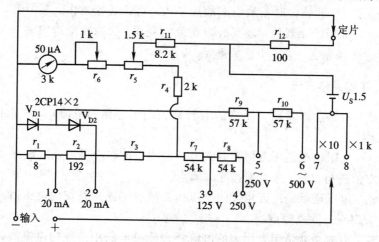

图 7.19　简易型指针式万用表电路原理及安装图

4. 实训内容与步骤

（1）识别和检测器件。对照电路图，认真核对各个元器件的型号、参数，用万用表等工具对重要器件进行初步的检测，以确保元器件性能符合要求。

（2）安装和焊接元器件。将已经做好焊接准备的元器件装配在线路板上，调整好元器件之间的实际间距，尽量减少元件间的有害干扰，元器件的朝向要便于操作、调整和检修，确定元器件的位置、极性无误后焊接好线路板，焊点要圆滑、无毛刺、美观、整洁、无虚焊。

（3）电路调试。电路的调试过程一般先分级调试，再级联调试，最后进行整机调试与性能指标的调试。本电路具体调试过程为：焊接完成后，用万用表测试是否有断路和短路的情况，注意电表的正、负端子和波段开关位置不能接错，在排除了可能存在的问题后，可进行各部分挡位的调试。

直流电流挡校正：校正原理如图 7.20 所示，把一标准电流表和被校电流表串联在电路中，电源 U_S 为直流稳压电源，电阻 R 为一限流电阻，被校表开关置于 1、2 位。

电阻挡校正：校正原理如图 7.21 所示，电源用 1.5 V 干电池，R_X 为一电阻箱，被校表开关置于 7、8 位。

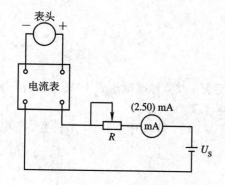

图 7.20　直流电流挡校正原理图

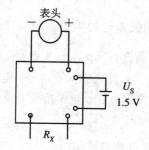

图 7.21　电阻挡校正原理图

　　直流电压挡校正：校正原理如图 7.22 所示，把一标准直流电压表和被校表并联在电路中，电源 U_s 为直流可调稳压电源，电阻 R 为一限流电阻，被校表开关置于 3、4 位。

　　交流电压挡校正：校正原理如图 7.22 所示，把一标准交流电压表和被校表并联在电路中，电源由交流自耦变压器取得，被校表开关置于 5、6 位。

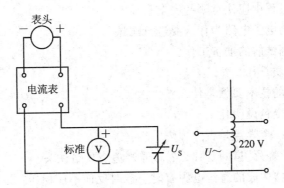

图 7.22　直(交)流电压挡校正原理图

【本章小结】

　　本章我们做了两个较为复杂的综合性实训，以期使学生受到从电子产品设计、元件识别与检测、安装图的合理布局、元器件的安装、焊接线路、电子电路调试到产品检验合格等整个综合制作过程的一个全面的训练。

　　本章集中介绍了"电子工艺"中最为重要的部分内容：电子线路图读图基本知识、安装与焊接技术、调试与诊断技术。讲授基本工艺理论知识主要是为了指导学生实践操作，采用先讲后做或边讲边做的教学方法，使学生掌握操作要领，加深对基本理论的理解，从而提高对工艺规程必要性和重要性的认识，为今后的专业实验、课程设计和毕业设计准备了必要的工艺知识和操作技能。

　　通过本章的实训，应掌握基本电子电路的设计、元件参数的选择和计算及其基本测试和调整技术，并在调试电子电路中进一步熟悉各种电子仪器仪表的使用。

　　本章所介绍的一些"电子工艺"方面的知识，都是人们长期实践经验的总结，具有很强的操作性，作为初学者只有经过反复的操作练习，才能逐渐掌握其精髓。

习　题　7

　　7.1　稳压器输入、输出端接电容的作用是什么？对它们的取值有什么要求？通过实验验证你的结论。

　　7.2　对于三端集成稳压器，一般要求输入、输出间的电压差至少为多少才能正常工作？通过实验验证你的结论。

　　7.3　在使用三端集成稳压器过程中应注意什么问题？如果输入、输出端反接，将会出现什么问题？在电路中如何增加输入短路保护电路？说明工作原理。

　　7.4　如何用 CW317 和 CW337 组成具有正负对称输出且电压可调的稳压电源电路？

7.5　利用双踪示波器观察测定直流稳压电源输出电压中纹波电压的大小和频率，并测绘纹波电压的波形。

7.6　使交流输入电压改变±10％（即 198～242 V），用万用表监测直流稳压电源直流输出电压的变化情况，并计算该直流稳压电源的稳压系数 γ。

7.7　故障排除过程中应注意哪些安全事项？

7.8　安装完毕的电子电路为什么要进行调试？

7.9　怎样做好调试前的准备工作？

7.10　焊接的本质是什么？

7.11　手工焊接的技术要领是什么？

7.12　焊锡液滴变色说明什么？

7.13　怎样判断一个焊点是否为虚焊？

7.14　烙铁头被"烧死"指的是什么？怎样避免烧死烙铁头？

7.15　集成稳压器构成的直流电源有时空载时反而不能稳压，为什么？

7.16　固定三端稳压器如何改进成可调直流稳压电源？

7.17　对于新设计、组装的电子装置，在通电检查之前，首先要检查接线情况的应是哪一部分的接线？为什么？

7.18　在做实验时发现低频信号发生器没有信号输出，你应该如何去分析、判断它的问题所在？

第 8 章　集成运算放大器及其应用

集成运算放大器是模拟集成电路中应用最为广泛的一种器件，它的应用领域日益扩大，已远远超过了数学运算的范围。作为一种通用性很强的功能部件，在自动控制系统、测量仪表及其他电子设备中，集成运放将得到越来越广泛的应用，它已成为当前模拟电子技术领域中的核心器件。本章中我们将讨论集成运算放大器的结构、特点以及由其为主体构成的典型线性与非线性应用电路。

实训 8.1　反相比例运算电路测试

1. 实训目的

(1) 了解集成运算放大器的基本结构。

(2) 熟悉反相比例运算电路的结构与工作原理。

(3) 掌握电路参数选择及电路调试过程。

2. 实训设备和器件

(1) 实训设备：直流稳压电源 1 台，万用表 1 块，电烙铁等常用工具 1 套。

(2) 实训器件：集成运放 LM741 1 只，1 kΩ 电位器 1 只，510 kΩ、100 kΩ、82 kΩ、4.7 kΩ 电阻各 1 只，万能焊接板 1 块，导线若干。

3. 实训电路与说明

图 8.1 所示为反相比例运算电路，图中的 R_3、R_P 组成分压器，用于取得直流输入信号 U_i；R_f、R_1 是负反馈网络，它们决定了反馈比例系数；R_2 是平衡电阻。因电路无其他要求，所以实训电路中的运算放大器采用器件来源广、性能又较好的通用 Ⅲ 型集成运放 LM741。图 8.2 是 LM741 的管脚图。

对于图 8.1 所示的反相比例运算电路，若从信号放大电路的角度去看，它就是一个反相输入的并联电压负反馈放大电路。其电压放大倍数为 $A_{uf} = \dfrac{u_o}{u_i} = -\dfrac{R_f}{R_1}$。反相比例运算电路在自动控制电路的信号比例调节中用得较多。

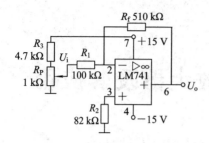

图 8.1 反相比例运算电路

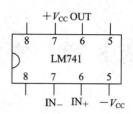

图 8.2 LM741 管脚图

4. 实训内容与步骤

1）识别和检测元器件

对照电路图认真核对各个元器件的型号、参数，用万用表等工具对电位器和电阻器件进行初步的检测，以确保元器件的性能符合要求。

2）连接线路

根据电路原理中确定的各部分元器件在电路板上的具体位置，将待焊接的元器件预先处理后焊接在电路板上，对于集成运放 LM741，具体焊接时最好是焊接其 8 脚 IC 插座，焊好后再将 LM741 插入即可，同时要注意共地点的处理以及正负电源的引出端处理。焊点要圆滑、无毛刺、美观、整洁、无虚焊。

3）电路检查

本电路具体调试过程为：通电前，用万用表测试是否有断路和短路的情况，共地点是否可靠。给集成运放接上 ±15 V 的电源后，测取 7、4 管脚端的电压应各为 +15 V 和 −15 V。

通电后，观察各元件是否存在异常，如元件出现发热过快、冒烟、打火花等异常现象，应立即断电检查，直至排除故障。

4）电路调试

将 U_i 由 0 开始，按表 8 - 1 逐次分级调高 U_i 值，用万用表测取相应的 U_i 与 U_o 值，算出比例系数值，填于表 8 - 1 中。在电路调节时，用一块电压表（万用表）监测输入电压 U_i，另一块电压表（万用表）监测输出电压 U_o。

表 8 - 1 反相比例运算电路测试记录

参数		直流信号 U_i/V			
		0.1	0.2	0.3	0.4
U_o/V	计算值	0.51	1.02	1.53	2.04
	实测值				
由实测值求得比例系数					

5. 实训总结与分析

集成运放的基本运算电路主要有反相比例运算、同相比例运算、加法运算、减法运算，还有微分运算、积分运算、对数运算、指数运算等，它们都是利用外接负反馈网络使运放工作在深度负反馈的线性工作状态。在这些运算电路当中，反相比例运算和同相比例运算是最重要、最基本的运算电路,很多应用电路都要用到这两种基本运算。其他的基本运算,如加法运算,可以看成是多个反相比例运算的综合;而减法运算,则是反相比例和同相比例运算的综合;对于微分运算、积分运算、对数运算、指数运算等这些运算电路的结构形式,也和反相比例运算电路的结构形式有相似之处。所以,反相比例运算是最基本、最重要的运算电路。

图 8.1 所示为反相比例运算电路,由于电路输出信号 U_o 与输入信号 U_i 相位相反,且成比例关系,比例系数为 5.1,所以能完成反相比例运算的任务。

图 8.1 中各参数的选择情况如下。

1) R_f、R_1 的选择

在满足运放和课题要求的条件下,初选 $R_f=510$ kΩ, $R_1=100$ kΩ,则 $u_o=-\dfrac{R_f}{R_1}u_i$,比例系数为 $R_f/R_1=5.1$,满足电路要求。

2) 平衡电阻 R_2 的选择

$R_2=R_f // R_1=510 // 100 \approx 83.6$ kΩ,若选用 82 kΩ 标称值的电阻,它们之间的差值为 $83.6-82=1.6$ kΩ,它约占 83.6 kΩ 的 2%,在 I 级电阻误差 5% 之内。

3) 分压器电阻的选择

本题用直流信号输入。直流信号由电路中的电阻 R_3、R_P 分压而得。R_3、R_P 的选取原则是:若它们的阻值过小,则电源消耗过大;若它们的阻值过大,则信号又易受干扰,调节也不方便。一般使流过 R_3、R_P 的电流为几毫安为宜。此处用 $R_3=4.7$ kΩ, $R_P=1$ kΩ,此时 $R_1 \gg R_P$,调试时输入端也不会影响分压器的电压值。

通电后,如果检测 7、4 管脚端的电压都正常,但输出电压始终为 -13 V 左右,调输入信号也不起作用,则可能是 R_f 开路,此时运放处于开环状态,输出达到负向饱和。

8.1　集成运算放大器的概述

8.1.1　集成运算放大器的概念

1. 集成运算放大器的组成及基本特性

集成电路是 20 世纪 60 年代初发展起来的一种新型电子器件。它采用半导体制造工艺,将晶体三极管、二极管、电阻等元件及连线全部集中制造在同一小块半导体基片上,成为一个完整的固体电路,实现了元件、电路和功能的三结合。与分立元件电路相比较,采用集成电路可使电子设备成本低、体积小、重量轻、耗能低、可靠性高,还可提高生产效率,并便于检查维修。

集成电路按功能不同可分为模拟集成电路和数字集成电路两大类。模拟集成电路的种类很多,包括集成运算放大器、集成稳压器、集成功率放大器、集成模拟乘法器以及各种专用集成电路等,它是用来产生、放大和处理各种模拟信号的集成电路。数字集成电路则是用来产生和处理各种数字信号的集成电路,有关它的应用将在后续课程中介绍。

在各种模拟集成电路中,集成运算放大器是应用最为广泛的器件。运算放大器在发展初期主要用于在模拟电子计算机中实现数学运算，故称运算放大器。由于电子器件的更新换代，运算放大器本身已从 20 世纪 40 年代的电子管电路，经过晶体管电路发展到 20 世纪 60 年代初期的集成电路，形成集成运算放大器，简称"集成运放"。

集成运放按其指标、特点和应用范围，可分为通用型和专用型两大类。通用型的指标比较均衡全面，适用于一般电子电路。专用型的指标中，大都有一项指标是为满足某些专门的需要而设计的。通用型又分为低增益（Ⅰ型）、中增益（Ⅱ型）和高增益（Ⅲ型）等几种。专用型也有高阻抗、高速、高压、低功耗、大功率、低漂移之分。

从结构上讲，集成运放实质上是一个高增益的多级直接耦合放大器。它是由在一块厚为 0.2~0.25 mm、面积为 0.5~1.5 mm² 的硅片上制作的许多晶体管、电阻、电容等元器件连接而成的，因各有关元件处在同一硅片上，距离非常近，所以元件参数为同向偏差，且对称性好，温度均一性好，易制成质量好的差动放大电路。由于受硅片面积的限制，组件中的电阻阻值不宜超过 20 kΩ，需用高电阻时多用外接电阻或晶体管代替。集成电路工艺很难制造电感器，也不适于制造几十皮法以上的电容器，因此，集成运放电路中均采用直接耦合。集成运放电路中的三极管主要是使用 NPN 型晶体管，它不但用作放大元件，而且还可以接成恒流源来代替大电阻。

随着电子技术的飞速发展，集成运放的各项性能也不断提高，它的应用领域日益扩大，已远远超过了数学运算的范围。作为一种通用性很强的功能部件，在自动控制系统、测量仪表及其他电子设备中，集成运放将得到越来越广泛的应用，它已成为当前模拟电子技术领域中的核心器件。

（1）通用型集成运算放大器的基本结构。

集成运算放大器虽品种繁多，电路结构各异，但内部结构都相似。集成运算放大器内部电路方框图如图 8.3 所示，一般由以下四部分组成：

① 输入级。输入级通常由具有恒流源的差动放大电路组成，以获得尽可能低的零点漂移、尽可能高的共模抑制比和尽可能好的输入特性。输入级的好坏对提高集成运算放大器的整体质量至关重要。

② 中间级。中间级的主要作用是为整个放大电路提供足够高的电压放大倍数，所以一般采用多级直接耦合共射放大电路。

③ 输出级。输出级的作用是给负载提供一定幅度的输出电压和输出电流，故此级大多采用射极输出器或互补对称功率放大电路，以降低输出电阻和提高带负载能力。另外，输出级还应有过载保护装置。

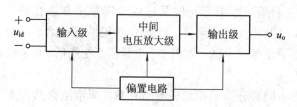

图 8.3　集成运算放大器内部电路方框图

④ 偏置电路。偏置电路的主要作用是向各级放大电路提供稳定的偏置电流，以保证各级放大电路具有合适而稳定的静态工作点。偏置电路有时还作为放大器的有源负载。

　　集成运放电路除了上述四个主要部分外，通常根据实际需要还可以设置外接调零电路和相位补偿电路。

　　(2) 集成运算放大器的电路符号。

　　集成运算放大器常见的封装形式有金属圆形封装、双列直插式封装和扁平式封装等，封装所用材料有陶瓷、金属、塑料等。图 8.4 和图 8.5 所示分别为集成运放 CF741 的塑料双列直插式封装外形和管脚排列图，每个管脚在电路中的位置、功能和用途可查阅器件手册或产品说明书。

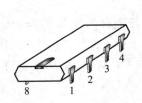

图 8.4　集成运放 CF741 的双列直插式封装外形　　图 8.5　双列直插式 CF741 的管脚排列

　　运算放大器的电路符号如图 8.6 所示。它有两个输入端："＋"号表示同相输入端，意思是集成运放的输出信号与该端所加信号相位相同；"－"号表示反相输入端，意思是集成运放的输出信号与该端所加信号相位相反。输出端只有一个。图中三角形符号"▷"表示信号的传输方

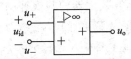

图 8.6　运算放大器的电路符号

向，"∞"表示理想条件。大多数集成运算放大器都需要两个直流电源供电。

2. 集成运算放大器的主要参数

　　集成运算放大器的参数是评价其性能优劣的主要标志。为了正确地选择和使用集成运算放大器，必须熟悉这些参数的含义和数值范围。下面介绍集成运算放大器的主要参数。

　　1) 开环差模电压放大倍数 A_{ud}

　　A_{ud} 是集成运算放大器在开环状态(指输出端和输入端之间未接任何元件)且输出不接负载时的直流差模电压放大倍数，即

$$A_{ud} = \left| \frac{\Delta u_o}{\Delta u_{id}} \right|$$

用分贝表示则为

$$20 \lg A_{ud} = 20 \lg \left| \frac{\Delta u_o}{\Delta u_{id}} \right|$$

式中，$\Delta u_{id} = \Delta(u_- - u_+)$。

　　集成运算放大器的开环电压放大倍数代表了放大器的放大能力，且是决定运算精度的重要参数。目前，通用型集成运算放大器 A_{ud} 一般为 $60 \sim 140$ dB，高质量的集成运算放大器的 A_{ud} 可达 170 dB 以上。常用的 CF741 的典型值约为 100 dB。

　　2) 输入失调电压 U_{IO}

　　一个理想的集成运算放大器，当输入电压为零时，输出电压也应为零(不加调零装

置）。但实际上它的差动输入级很难做到完全对称，通常在输入电压为零时，仍存在一定的输出电压。输入失调电压是指输入电压为零时，输出端出现的直流电压折算到输入端的数值，或指为了使输出电压为零而在输入端加的补偿电压。它反映出输入级差动放大电路两个三极管和 R_c 的不对称的程度，因此 U_{IO} 越小越好，一般为几毫伏。

3）输入失调电流 I_{IO}

输入失调电流是指当输入电压为零时，输入级两个差动对管的静态基极电流之差，即 $I_{IO} = |I_{B1} - I_{B2}|$。由于信号源内阻的存在，$I_{IO}$ 会引起一个输入电压，破坏放大器的平衡，使放大器输出电压不为零。所以，I_{IO} 越小越好。通常 I_{IO} 约为 $1 \sim 100$ nA。

4）最大差模输入电压 U_{IDM}

集成运算放大器两个输入端之间所能承受的最大电压值称为最大差模输入电压。若实际所加的电压超过这个电压值，则其中差动对管中的一个管子将可能首先出现反向击穿现象。利用平面工艺制造的硅 NPN 型管的 U_{IDM} 约为 ± 5 V，横向 PNP 型管可达 ± 30 V。CF741 的 U_{IDM} 为 ± 30 V。

5）最大共模输入电压 U_{ICM}

最大共模输入电压是指运算放大器所能承受的最大的共模输入电压。超过 U_{ICM} 值时，集成运算放大器的共模抑制性能将明显下降，不能正常工作。因此，必须限制输入共模信号电压。CF741 的 U_{ICM} 约为 ± 13 V。

6）差模输入电阻 R_{id}

R_{id} 是指运算放大器在开环条件下，两输入端之间的动态电阻。它可用来表征输入差模信号时，差动对管向信号源索取电流的大小。通常 R_{id} 越大越好。一般运算放大器的 R_{id} 为几百千欧到几兆欧，国产的高输入阻抗运算放大器 R_{id} 目前可达 10^{12} Ω 以上。

7）输出电阻 R_o

输出电阻 R_o 是指运算放大器在开环状态下的动态输出电阻。它表征运放带负载的能力，R_o 越小，带负载的能力越强。R_o 的数值一般是几十欧到几百欧。CF741 的 R_o 为 75 Ω。

8）最大输出电压幅度 U_{opp}

在规定的电源电压下，集成运算放大器所能输出的不产生明显失真的最大电压峰峰值称为最大输出电压幅度。CF741 的 U_{opp} 为 $\pm 13 \sim \pm 14$ V。

9）共模抑制比 K_{CMR}

共模抑制比反映了集成运算放大器对共模信号的抑制能力，通常用差模电压放大倍数 A_{ud} 与共模电压放大倍数 A_{uc} 之比的绝对值来表示。K_{CMR} 越大越好。CF741 的 K_{CMR} 为 90 dB，高精度运算放大器的 K_{CMR} 可达 120 dB。

8.1.2　理想集成运算放大器的特点

集成运算放大器的应用非常广泛，当它与外部电阻、电容、半导体器件等构成闭环电路后，可以实现不同的电路运算功能，从而组成种类繁多、形式各异的应用电路。大多数应用电路中的集成运算放大器都工作在线性区，为了使问题分析简化，通常把集成运算放大器看成理想元件。虽然真正的理想元件是不存在的，但由于实际运算放大器的参数接近理想放大器的条件，所以，把集成运算放大器看成理想元件进行电路分析和计算的结果是可以满足工程要求的。

1. 理想运算放大器应具备的条件

图 8.7 所示电路是集成运算放大器的低频等效电路。图中 R_{id} 和 R_o 分别表示运算放大器本身的输入电阻和输出电阻，A_{ud} 为开环差模电压放大倍数，$A_{ud}u_{id}$ 是输出电压源的电压，u_{id} 是输入电压，$u_{id} = u_- - u_+$。

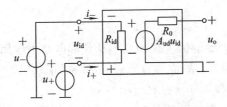

图 8.7　集成运算放大器的低频等效电路

理想运放应具有以下条件：

(1) 开环电压放大倍数 $A_{ud} \to \infty$；

(2) 差模输入电阻 $R_{id} \to \infty$；

(3) 输出电阻 $R_o \to 0$；

(4) 共模抑制比 $K_{CMR} \to \infty$；

(5) 带宽 BW $\to \infty$；

(6) 失调及漂移均趋于零。

2. 理想运算放大器的基本特点

集成运算放大器可工作在线性区，也可工作在非线性区。工作在线性区时，输出端和反相输入端之间接有反馈元件，即构成负反馈；工作在非线性区时，可能电路中无反馈或者只在输出端和同相输入端之间接有反馈元件，即构成正反馈，这对判断集成运算放大器工作在线性区还是工作在非线性区是十分有帮助的。

1）集成运算放大器工作在线性区时的特点

集成运算放大器工作在线性区时，输出端对地电压 u_o 与两个输入端对地电压 u_+ 和 u_- 之间的关系为

$$u_o = A_{ud}(u_- - u_+)$$

此式表明输出电压 u_o 与两个输入电压 u_- 和 u_+ 的差值成比例。

根据理想集成运算放大器所具有的条件，可得出理想集成运算放大器工作在线性区的两个重要结论：

(1) 集成运算放大器同相输入端和反相输入端的电位相等。

由上式可知，在线性工作区内，集成运算放大器两个输入端之间的电压 $u_{id} = u_- - u_+ = \dfrac{u_o}{A_{ud}}$，而理想集成运算放大器的 $A_{ud} \to \infty$，输出电压 u_o 又是一个有限值，所以有

$$u_{id} = u_- - u_+ = 0$$

即

$$u_- = u_+$$

因 $u_- = u_+$，故理想运算放大器的两个输入端之间可以看成短路，但又不是真正的短路（即在实际应用时不能用一根导线把同相输入端和反相输入端短接起来），故称为虚假短路（简称"虚短"）。应当说明的是，A_{ud} 越大，u_- 就越接近 u_+，误差也就越小。

（2）集成运算放大器同相输入端和反相输入端的输入电流等于零。

因为理想集成运算放大器的 $R_{id} = \infty$，所以，由同相输入端和反相输入端流入集成运算放大器的电流应为零，即

$$i_- = i_+ = 0$$

因为理想集成运算放大器的两个输入端不从外部电路中取用电流，故可将它们之间看成断路，但又不是真正地断开，故称为虚假断路（简称"虚断"）。

2）集成运算放大器工作在非线性区时的特点

如果集成运算放大器工作在非线性区，因 $A_{ud} \to \infty$，只要输入端加上微小的电压变化量，就将使输出电压超出线性放大范围，或者达到正向饱和电压 U_o^+，或者达到负向饱和电压 U_o^-，两者必居其一，通常起电压比较器的作用。U_o^+ 和 U_o^- 在数值上接近于运算放大器的正、负电源电压。

集成运算放大器工作在非线性区时，也有两个重要结论：

（1）当 $u_- > u_+$ 时，$u_o = U_o^-$；当 $u_- < u_+$ 时，$u_o = U_o^+$。

（2）$i_- = i_+ = 0$。

以上说明，对于理想集成运算放大器，无论它是工作在线性区，还是工作在非线性区，虚假断路总是成立的。

由上述分析可见，在分析集成运算放大器电路时，首先应判断它工作在什么区域，然后才能用上述有关公式进行运算。

8.2 集成运算放大器组成的基本运算电路

用集成运算放大器接入适当的负反馈电路就可构成各种运算电路，主要有比例运算、加法运算、差动运算（减法运算）和积分、微分运算等。由于集成运放开环增益很高，所以它构成的基本运算电路均为深度负反馈电路，运放两输入端之间满足"虚短"和"虚断"，根据这两个特点很容易分析各种运算电路。

8.2.1 反相比例运算

图 8.8 所示为反相比例运算电路，输入信号 u_i 通过电阻 R_1 加到集成运放的反相输入端，而输出信号通过电阻 R_f 也回送到反相输入端，R_f 为反馈电阻，构成深度电压并联负反馈。同相端通过电阻 R_2 接地，R_2 称为直流平衡电阻（平衡电阻的引入是考虑到实际运放存在一定的失调），其作用是使集成运放两输入端的对地直流电阻相等，从而避免运放输入偏置电流在两输入端之间产生附加的差模输入电压，故要求

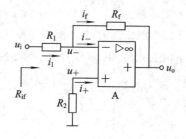

图 8.8 反相比例运算电路

$R_2 = R_1 /\!/ R_f$。

根据运放输入端"虚断"可得 $i_+ = 0$，故 $u_+ = 0$；根据运放两输入端"虚短"可得 $u_- = u_+ = 0$，因此由图 8.8 可求得

$$i_1 = \frac{u_i - u_-}{R_1} = \frac{u_i}{R_1}$$

$$i_f = \frac{u_- - u_o}{R_f} = -\frac{u_o}{R_f}$$

根据运放输入端"虚断"可知 $i_- = 0$，故有 $i_1 = i_f$，所以

$$\frac{u_i}{R_1} = -\frac{u_o}{R_f}$$

故可得输出电压与输入电压的关系为

$$u_o = -\frac{R_f}{R_1} u_i$$

可见，u_o 与 u_i 成比例，输出电压与输入电压反相，因此称为反相输入比例运算电路，其放大倍数（比例系数）为

$$A_{uf} = \frac{u_o}{u_i} = -\frac{R_f}{R_1}$$

由于 $u_- = 0$，由图可得该反相输入比例运算电路的输入电阻为

$$R_{if} = R_1$$

综上所述，反相输入比例运算放大电路主要有以下工作特点：

（1）它是深度电压并联负反馈电路，它的输入电阻不高，输出电阻很低。

（2）输出电压与输入电压的幅值成正比，而相位相反。

（3）调节 R_f 和 R_1 的比值即可调节放大倍数 A_{uf}，比值 $|A_{uf}|$ 与集成运放内部各项参数无关，其值可大于 1 也可小于 1。若 $R_f = R_1$，则 $A_{uf} = -1$，此电路便构成反相器。

（4）$u_- = u_+ = 0$，即有"虚地"的特点，所以运放共模输入信号 $u_{ic} = 0$，对集成运放 K_{CMR} 的要求较低，这也是所有反相运算电路的特点。

8.2.2　同相比例运算

图 8.9 所示为同相输入比例运算电路，输入信号 u_i 通过电阻 R_2 加到集成运放的同相输入端，而输出信号通过反馈电阻 R_f 回送到反相输入端，构成深度电压串联负反馈，反相端则通过电阻 R_1 接地。R_2 同样是直流平衡电阻，满足 $R_2 = R_1 /\!/ R_f$。

根据运放输入端"虚断"可得 $i_- = 0$，故有 $i_1 = i_f$，因此由图 8.9 可得

$$\frac{0 - u_-}{R_1} = \frac{u_- - u_o}{R_f}$$

由于 $u_- = u_+ = u_i$，所以可求得输出电压 u_o 与输入电压 u_i 的关系为

$$u_o = \left(1 + \frac{R_f}{R_1}\right) u_+ = \left(1 + \frac{R_f}{R_1}\right) u_i$$

可见 u_o 与 u_i 同相且成比例，故称为同相比例运算电路，其电压放大倍数为

$$A_{uf} = \frac{u_o}{u_i} = 1 + \frac{R_f}{R_1}$$

如果取 $R_1 = \infty$ 或 $R_f = 0$，则由上式可得 $A_{uf} = 1$，这种电路称为电压跟随器，如图 8.10 所示。

根据运放同相端"虚断"可得同相比例运算电路的输入电阻为

$$R_{if} = \infty$$

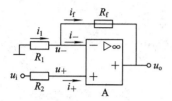

图 8.9　同相比例运算电路

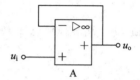

图 8.10　电压跟随器

所以综上，同相比例运算放大电路主要有以下工作特点：

（1）它是深度电压串联负反馈电路，输入电阻趋于无穷大，输出电阻很低，不存在"虚地"，电压跟随器常用作阻抗变换器或缓冲器。

（2）调节 R_f 和 R_1 的比值即可调节放大倍数 A_{uf}，比值 $|A_{uf}|$ 也与集成运放的内部参数无关，且其值恒大于等于1。

（3）$u_- = u_+ = u_i$ 说明此时运放的共模信号不为零，而等于输入信号 u_i，因此，在选用集成运放构成同相比例运算电路时，要求运放应有较高的最大共模输入电压和较高的共模抑制比。

8.2.3　多路加减运算

多路加减运算是指对多个输入信号进行运算。根据输出信号与输入信号反相还是同相，可分为反相输入加减运算和同相输入加减运算两种方式。

1. 反相输入加法运算

图 8.11 所示为反相输入加法运算电路，R_3 为直流平衡电阻，要求 $R_3 = R_1 /\!/ R_2 /\!/ R_f$。

根据运放反相输入端"虚断"可知 $i_f \approx i_1 + i_2$，又根据运放反相运算时输入端"虚地"可得 $u_- = 0$，因此由图 8.11 可得

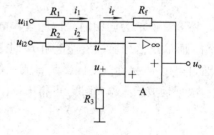

图 8.11　反相输入加法运算电路

$$-\frac{u_o}{R_f} \approx \frac{u_{i1}}{R_1} + \frac{u_{i2}}{R_2}$$

故可求得输出电压为

$$u_o = -R_f\left(\frac{u_{i1}}{R_1} + \frac{u_{i2}}{R_2}\right) = -\left(\frac{R_f}{R_1}u_{i1} + \frac{R_f}{R_2}u_{i2}\right)$$

上式表明，输出电压等于各输入电压按不同的比例相加，且各输入电压之和与输出电压极性相反，故实现了反相加法运算。若 $R_f = R_1 = R_2$，则 $u_o = -(u_{i1} + u_{i2})$。

由上式可见，这种电路在调节某一路输入端电阻时并不影响其他路信号产生的输出值，因而调节方便，使用得比较多。

2. 同相输入加法运算

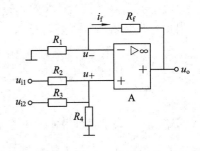

图 8.12 所示为同相输入加法运算电路,为使直流电阻平衡,要求 $R_2 /\!/ R_3 /\!/ R_4 = R_1 /\!/ R_{\mathrm{f}}$。

根据运放同相端"虚断",对 u_{i1}、u_{i2} 应用叠加原理可求 u_+ 得

$$u_+ \approx \frac{R_3 /\!/ R_4}{R_2 + R_3 /\!/ R_4} u_{\mathrm{i1}} + \frac{R_2 /\!/ R_4}{R_3 + R_2 /\!/ R_4} u_{\mathrm{i2}}$$

根据同相输入时输出电压与运放同相端电压 u_+ 的关系式可得

图 8.12　同相输入加法运算电路

$$u_{\mathrm{o}} = \left(1 + \frac{R_{\mathrm{f}}}{R_1}\right) u_+ = \left(1 + \frac{R_{\mathrm{f}}}{R_1}\right)\left(\frac{R_3 /\!/ R_4}{R_2 + R_3 /\!/ R_4} u_{\mathrm{i1}} + \frac{R_2 /\!/ R_4}{R_3 + R_2 /\!/ R_4} u_{\mathrm{i2}}\right)$$

即实现了同相加法运算。

3. 减法运算

图 8.13 所示为减法运算电路,图中,输入信号 u_{i1} 和 u_{i2} 分别加至反相输入端和同相输入端,这种形式的电路也称为差分运算电路。为保持运放输入端平衡,常使 $R_1 = R_1'$,$R_{\mathrm{f}} = R_{\mathrm{f}}'$。

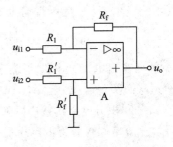

利用同相、反相输入比例运算电路已有的结论和叠加原理进行分析。首先,设 u_{i1} 单独作用,而 $u_{\mathrm{i2}} = 0$,此时电路相当于一个反相输入比例运算电路,可得 u_{i1} 产生的输出电压

$$u_{\mathrm{o1}} = -\frac{R_{\mathrm{f}}}{R_1} u_{\mathrm{i1}}$$

再设由 u_{i2} 单独作用,而 $u_{\mathrm{i1}} = 0$,则电路变为一同相输入比例运算电路,可求得产生的输出电压为

图 8.13　减法运算电路

$$u_{\mathrm{o2}} = \left(1 + \frac{R_{\mathrm{f}}}{R_1}\right) u_+ = \left(1 + \frac{R_{\mathrm{f}}}{R_1}\right)\frac{R_{\mathrm{f}}'}{R_1' + R_{\mathrm{f}}'} u_{\mathrm{i2}}$$

由此可求得总输出电压为

$$u_{\mathrm{o}} = -\frac{R_{\mathrm{f}}}{R_1} u_{\mathrm{i1}} + \left(1 + \frac{R_{\mathrm{f}}}{R_1}\right)\frac{R_{\mathrm{f}}'}{R_1' + R_{\mathrm{f}}'} u_{\mathrm{i2}}$$

当 $R_1 = R_1'$,$R_{\mathrm{f}} = R_{\mathrm{f}}'$ 时,有

$$u_{\mathrm{o}} = \frac{R_{\mathrm{f}}}{R_1}(u_{\mathrm{i2}} - u_{\mathrm{i1}})$$

假如上式中 $R_{\mathrm{f}} = R_1$,则 $u_{\mathrm{o}} = u_{\mathrm{i2}} - u_{\mathrm{i1}}$。

8.2.4　微分运算与积分运算

1. 微分运算

图 8.14 所示为微分运算电路,它和反相比例运算电路的区别是用电容 C 代替电阻

R_1。为使直流电阻平衡，要求 $R = R_f$。

　　根据运放反相端"虚地"可得

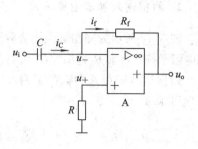

$$i_C = C \frac{\mathrm{d}u_i}{\mathrm{d}t}$$

$$i_f = -\frac{u_o}{R_f}$$

由于 $i_C = i_f$，因此可得输出电压 u_o 为

$$u_o = -R_f C \frac{\mathrm{d}u_i}{\mathrm{d}t}$$

图 8.14　微分运算电路

　　可见输出电压 u_o 正比于输入电压 u_i 对时间 t 的
微分，从而实现了微分运算。式中 $R_f C$ 即为电路的时间常数。

2. 积分运算

　　将微分运算电路中的反馈电阻和电容位置互换，即构成积分运算电路，如图 8.15 所示。由图可得

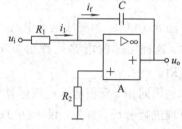

$$i_1 = \frac{u_i}{R_1}$$

$$i_f = -C \frac{\mathrm{d}u_o}{\mathrm{d}t}$$

由于 $i_1 = i_f$，因此可得输出电压 u_o 为

$$u_o = -\frac{1}{R_1 C} \int u_i \, \mathrm{d}t$$

图 8.15　积分运算电路

　　可见输出电压 u_o 正比于输入电压 u_i 对时间 t 的
积分，从而实现了积分运算。式中 $R_1 C$ 为电路的时间常数。

　　微分和积分电路常常用以实现波形变换。例如，微分电路可将方波电压变换为尖脉冲
电压，积分电路可将方波电压变换为三角波电压，如图 8.16 所示。

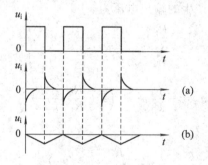

图 8.16　微积分用于波形变换
（a）微分电路输出电压；（b）积分电路输出电压

8.3　集成运算放大器的应用

　　集成运放的通用性和灵活性都很强，只要改变输入电路或反馈支路的形式及其参数，

就可以得到输出信号与输入信号之间各种不同的关系,所以运算放大器得到越来越广泛的应用。下面举一些应用实例。

8.3.1 集成运算放大器的线性应用

1. 电压可调的恒压源

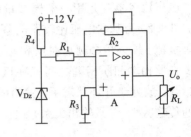

图 8.17 所示为一种恒压源电路。利用硅稳压管的标准电压 U_z 作运算放大器比例运算的输入电压,加入到反相输入端,则输出电压为

$$U_o = -\frac{R_2}{R_1}U_z$$

此电路的输出电压为负值,通过改变 R_2 可以调

图 8.17 电压可调的恒压源

节输出电压值,因此,可获得一定范围的恒定电压。由于采用深度电压负反馈,因此使负载电阻 R_L 在允许范围内变化时,输出电压仍保持恒定。

2. 比例积分调节器(PI 调节器)

比例积分调节器(PI 调节器)的电路结构如图 8.18 所示,输出电压与输入电压的关系为

$$|u_o| = i_1 R_1 + \frac{1}{C}\int i_1 \mathrm{d}t = K_p |u_i| + \frac{K_p}{\tau_1}\int |u_i| \mathrm{d}t$$

式中,$K_p = \dfrac{R_1}{R_o}$ 是 PI 调节器的比例系数,$\tau_1 = R_1 C$ 是 PI 调节器的时间常数。

在零初始状态和阶跃输入下,输出电压的时间特性曲线如图 8.19 所示。由输出特性表明,比例积分调节器的输出由"比例"和"积分"两部分组成,比例部分迅速反应调节作用,积分部分最终消除静态偏差。当突加 $|u_i|$ 时,在开始瞬间电容 C 相当于短路,反馈回路中只有电阻 R_1,相当于放大倍数为 $K_p = R_1/R_o$ 的比例调节器,在输出端立即呈现电压 $K_p|u_i|$,可以立即起到调节作用。此后,随着电容 C 被充电开始积分,u_o 线性增长,直到稳态。在稳态时,和积分调节器一样,C 相当于开路,极大的开环放大倍数使系统基本上达到无静态偏差。

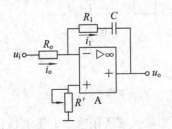

图 8.18 比例积分调节器

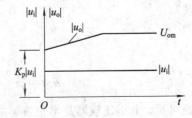

图 8.19 阶跃输入时 PI 调节器的输出特性

由此可知,采用比例积分调节器的自动调速系统,既能获得较高的静态精度,又具有较快的动态响应,因而应用广泛。

8.3.2　集成运算放大器的非线性应用

1. 电压比较器

电压比较器就是用一个模拟量的电压去和另一个参考电压(或给定电压)相比较的电路。图8.20为基本电压比较器电路,参考电压 U_R 加于运放的同相端,它可以是正值,也可以是负值。输入信号则加在反相端。这时运放处于开环工作状态,具有很高的电压增益,只要在反相端和同相端之间存在微小的电压差值,就会使输出电压偏向它的饱和值。因此,当运放处于开环状态下,输出电压 u_o 只有两种可能的状态,即 U_o^+ 或 U_o^-。这种结构电路的传输特性(输入输出关系)如图8.21所示。

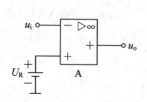

图 8.20　基本电压比较器电路　　　　图 8.21　基本电压比较器特性曲线

当输入信号 $u_i < U_R$ 时,$U_o = U_o^+$;当 $u_i > U_R$ 时,$U_o = U_o^-$。它表示 u_i 在参考电压 U_R 附近有微小的增加时,输出电压将从正向饱和值 U_o^+ 过渡到负向饱和值 U_o^-。

如果参考电压 $U_R = 0$,则输入电压 u_i 每次过零时输出就要产生突变,这种比较器称为过零比较器,电路如图8.22(a)所示,其传输特性如图8.22(b)所示。显然,当输入信号为正弦波时,每过零一次,比较器的输出端将产生一次电压跳变,其正、负向幅度均受电源电压的限制。因此,输出电压的波形将是如图8.22(c)所示的具有正、负极性的方波。

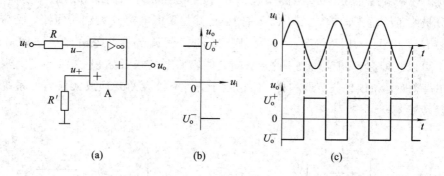

图 8.22　过零比较器

(a) 基本电路;(b) 特性曲线;(c) 波形变换

由此可见,电压比较器是将集成运放的反相和同相输入端所接输入电压进行比较的电路。$u_i = U_R$ 是运放工作状态转换的临界点,当 $U_R = 0$ 时,其传输特性相对于原点是对称的。

常用的电压比较器有三种:过零比较器、单限比较器($U_R \neq 0$)和迟滞比较器(迟回比较器），下面仅简单介绍迟滞比较器。

如果在过零比较器或单限比较器电路中引入正反馈，这时比较器的输入输出特性曲线具有迟滞特性，因此这种比较器称为迟滞比较器。

如图 8.23(a)所示，由电阻 R_f、R_2 构成正反馈电路，反馈信号作用于同相输入端，反馈电压

$$u_f = \frac{R_2}{R_f + R_2} u_o$$

而

$$u_+ = u_f = \frac{R_2}{R_f + R_2} u_o$$

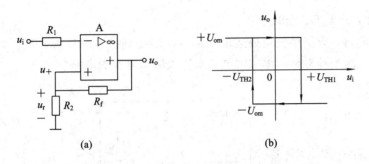

图 8.23　迟滞比较器

若 $u_o = U_{om}$，要使输出电压 u_o 变为负值（$-U_{om}$），则反相端 u_i 应大于 $u_+ = \frac{R_2}{R_f + R_2} U_{om}$；反之，若 $u_o = -U_{om}$，要使输出电压 u_o 变为正值（$+U_{om}$），则反相端 u_i 必须小于 $u_+ = \frac{R_2}{R_f + R_2}(-U_{om})$，由此可得迟滞比较器的输出输入特性曲线如图 8.23(b)所示。

在图 8.23(b)中，U_{TH1} 称为上阈值电压，其计算式为

$$U_{TH1} = \frac{R_2}{R_f + R_2} U_{om}$$

即 $u_i > U_{TH1}$ 时，u_o 从 $+U_{om}$ 变为 $-U_{om}$。

U_{TH2} 称下阈值电压，其计算式为

$$U_{TH2} = \frac{R_2}{R_f + R_2}(-U_{om})$$

即 $u_i < U_{TH2}$ 时，u_o 从 $-U_{om}$ 变为 $+U_{om}$。

2. 三角波发生器

三角波发生器可以用方波发生器和积分器组成。图 8.24 所示电路是由迟滞比较器（用来产生一个方波）和反相积分器构成的三角波发生器，由于积分器输出电压 u_o 作为迟滞比较器的输入信号作用在运放 A_1 的同相输入端，在工作时积分器不断进行负向积分和正向积分，使得运放 A_1 的输出电压 u_{o1} 在 $-U_{om}$ 和 $+U_{om}$ 间不断发生变化，使输出电压 u_o 成为一个三角波，如图 8.25 所示。

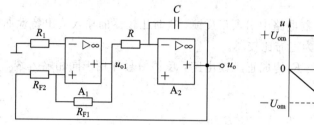

图 8.24　三角波发生器

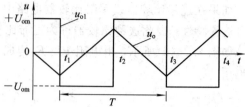

图 8.25　三角波发生器电路的波形图

3. 集成运算放大器应用电路的扩展与保护

1）集成运算放大器性能的扩展

利用外加电路的方法可使集成运放的某些性能得到扩展和改善。图 8.26 是在集成运放的输出端加一级互补对称功率放大电路来扩大输出电流的电路。

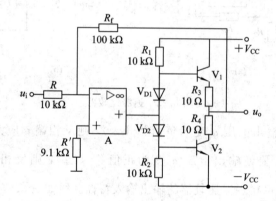

图 8.26　扩大输出电流的电路

2）集成运算放大器的保护

集成运放的电源电压接反或电源电压突变、输入电压过大、输出端过载或短路时，都可能造成运放的损坏，所以在使用时必须加保护电路。

（1）电源接反的保护。

图 8.27 所示的电路加了两个二极管，防止电源接反引起故障。

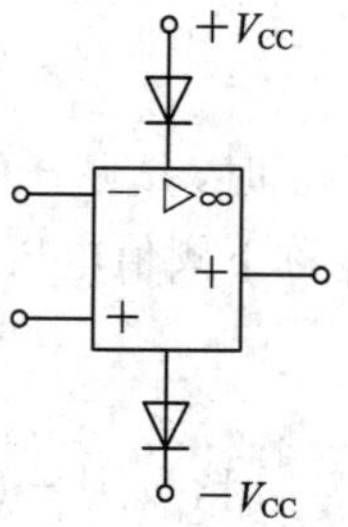

（2）输入保护。

图 8.27　电源接反保护电路

集成运放常因输入电压过高造成输入级损坏，也可能造成输入管的不平衡，从而使各项性能变差，因此必须外加输入保护措施。图 8.28 所示为输入保护电路，其中的两个反向并联二极管可使组件输入电压限制在二极管的正向导通电压以下，同时还可避免堵塞（因晶体管饱和使信号加不进去的现象）。

（3）输出保护。

集成运放最常见的输出过载有输出端短路造成运放功耗过大或者输出端错接高电压使输出级击穿，因此大多数组件内部均有限流电路，但为可靠起见，仍需外加保护电路。

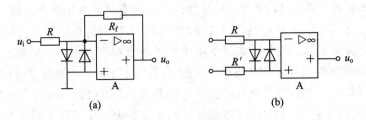

图 8.28　输入保护措施

图 8.29(a)是用两个反向串联的稳压管跨接在输出端和反向输入端之间来限制输出电压的。当 $u_o > U_z + 0.6$ V 时，就有一个稳压管反向击穿，另一个稳压管正向导通，负反馈加强，这样就把输出电压限制在 $\pm(U_z + 0.6$ V) 范围内，从而防止了输出过电压。图 8.29(b)是用以防止输出端触及外部过高电压而损坏组件的电路，稳压管支路也可使输出电压限制在 $\pm(U_z + 0.6$ V) 范围内。

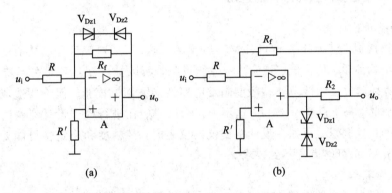

图 8.29　集成运放的输出保护

3）集成运算放大器使用注意事项

(1) 使用前应认真查阅有关手册，了解所用集成运放各引脚排列位置，外接电路特别要注意正负电源端、输出端及同相/反相输入端的位置。

(2) 集成运放接线要正确可靠。由于集成运放外接端点比较多，很容易接错，因此要求集成运放电路接线完毕后，应认真检查，确认没有接错后方可接通电源，否则有可能损坏器件。集成运放的输出端应避免与地、正电源、负电源短接，以免器件损坏。同时输出端所接负载电阻也不宜过小，其值应使集成运放输出电流小于其最大允许输出电流，否则有可能损坏器件，或使输出波形变差。

(3) 输入信号不能过大。输入信号过大可能会造成阻塞现象或损坏器件，因此，为了保证正常工作，输入信号接入集成运放电路前应对其幅度进行初测，使之不超过规定的极限，即差模输入信号应远小于最大差模输入电压，共模输入信号也应小于最大共模输入电压。

(4) 电源电压不能过高，极性不能接反。电源电压应按器件使用要求先调整好直流电源输出电压，然后再接入电路，且接入电路时必须注意极性，不能接反，否则器件容易受到损坏。装接电路或改接、插拔器件时，必须断开电源，否则器件容易因受到极大的感应或电冲击而损坏。

(5) 集成运放的调零。所谓调零，就是将运放应用电路输入端短路，调节调零电位器，使运放输出电压等于零。集成运放作直流运放使用时，特别是在小信号高精度直流放大电路中，调零是十分重要的。因为集成运放存在失调电流和失调电压，当输入端短路时，会出现输出电压不为零的现象，所以使用中应按手册中给出的调零电路进行调零。但有的集成运放没有调零端子，就必须外接调零电路进行调零。调零电位器应采用工作稳定、线性度好的多圈线绕电位器。调零时应注意两点：一是调零必须在闭环条件下进行；二是输出端电压应小于量程电压。

8.3.3　常用集成运算放大器芯片的选用与介绍

集成运放的系列品种很多，使用时必须有针对性地合理选用。下面分几个方面来加以说明。

1. 常用集成运算放大器芯片的选用

1) 从物美价廉考虑

现在的教材中广泛使用 μA741(LM741)、μA324(LM324)等型号的集成运放。这两种集成运放的结构简单、价格低、货源广、性能可靠，所以被广泛选用。在无特殊要求的场合，使用这两种运放去组装电路一般能满足电路性能方面的要求。但不要造成错觉，当需要用集成运放时，马上就选 μA741，这不一定合适。如在进行电子设计竞赛时，其题目中可能有苛刻的性能要求；再如在设计精密仪器仪表时，其精度和稳定性可能要求较高，此时若还是选 μA741 可能就达不到要求。

2) 从结构紧凑考虑

不同的整机电子电路有简有繁。当电路中只需要一级运放时，应采用单运放；需要两级运放时，应采用双运放；需要三级、四级运放时，应采用四运放。有些初涉电子设备设计的人员，在只有一级运放的电路中，却采用了四运放；而需要三级、四级运放时，却采用三个或四个单运放，这显然欠考虑，它必然会带来电路板过大过繁、可靠性下降等弊端。

在小型化结构的电子设备中，应选用无管脚贴片封装的表面焊接运放，可缩小体积。

3) 从性能需要考虑

不同电子设备对集成运放的性能要求不同。集成运放除通用型外，还有高阻型、高速型、高压型、高精密型、低温漂型、低功耗型等可供选用。就通用型而言，近几年定型生产的新型号比十多年前定型生产的老型号（如 μA741、μA324 等）性能要好得多，价格也合理。用性能好的运放设计组装出来的电路，性能当然也好。所以选用集成运放时，注意集成运放的性能很重要。

2. 常用集成运算放大器芯片的介绍

集成运放的系列品种繁多且在不断发展，下面介绍几种常用集成运放，供选用时参考。

1) LM741 与 LM324（通用型集成运放）

LM741 与 LM324 都是通用型集成运放，前者是单运放，后者是四运放而且可单电源工作，它们的基本性能如表 8-2 所示。由表可知，它们的性能可满足一般低频信号的放大、产生、变换等处理工作，且货源广泛、价格低廉，所以用得较广。但它们的失调、温漂都较大，在高频和要求精度较高的场合不适宜采用。

表 8－2　几种常用集成运放的性能比较（测试条件不同，参数有所不同，列表仅供参考）

类型与型号 参数与单位	单运放				双运放			四运放		
	LM741 通用型	OP07 低温 漂低失调	ICL7650 高 精度自稳零	LM318 高速型	LM747 通用型	LM358 通用型	LF353 高阻型	LM324 通用型	μA348 通用型	LF347 高阻型
输入失调电压/mV	2.0	0.03	0.001	4.0	1.0	1.0	5.0	2.0	1.0	0.01
输入失调电流/nA	2.0	0.4	0.005	30	20	2.0		5	4	0.025
输入偏置电流/nA	80	1	0.01	750	80	20	0.05	30	45	0.05
差模输入电阻/MΩ	2.0	60	10^6	3.0	2.0		10^6		2.5	10^6
差模电压增益/(A_{ud})	200 000	500 000	1 000 000	200	200 000	100 000	100 000	100 000	160 000	100 000
差模输入电压/V	±30	±14	±0.3	±11.5	±30	32	±30	$0\sim(V_{CC}$ $-1.5)$	±36	±10
电源电压/V	±15	$±3\sim$ ±18	V_+- $V_-=18$	±15	±22	±16	±18	±16	±18	±15
电源电流/mA	1.7	750 (mW)	2	5	1.7	1.5	3.6	1.5	2.4	75 (mW)
共模抑制比/dB	90	126	130	100	90		100	70	90	100
温漂/(μV/℃)	20	0.6	0.1				10	7.0		1.0
摆率/(V/μs)	0.5	0.3	2.5	70	0.5		13	0.05	0.5	13

2）OP07（低失调集成运放）

OP07 的显著特点是输入失调电压很低，其中 OP07A 型的输入失调电压最大为 25 μV，一般不用外部调零。此外，其偏流小（±2 nA），温漂小（0.6 μV/℃），噪声小（最大为 0.6 μV），增益高（300 V/mV），其输入电压范围为 ±14 V，电源电压为 ±3～±18 V，共模抑制比最小为 110 dB。但其速度不高，是一种应用较广的集成运放，在低频高增益的电子仪器中用得较多。

3）ICL7650（斩波稳零集成运放）

ICL7650 的显著特点是输入失调电压极低，仅 1 μV。不用外部调零而是能自动稳零。其偏流小（10 pA），温漂小（0.1 μV/℃），噪声小（最大为 2 μV），输入电压范围为 ±0.3 V，电源电压为 $V_+-V_-=18$ V，共模抑制比为 130 dB，常用于放大非常微弱的缓变信号（又称直流信号）。

4）μA348（通用型四运放）

μA348 和 μA324 都是通用型集成运放，但 μA348 比 μA324 的性能要优越得多，从表 8－2 中可以看出，几乎每项性能 μA348 都比 μA324 优越。

5）LF347（JEFT 输入高阻型四运放）

在大多数电子测量仪表的输入级要求有较高的输入电阻，以减小仪器对输入信号的影响。高阻型集成运放就能满足这一要求。LF347 的突出优点是输入电阻高达 10^6 MΩ，其他性能也很好，其失调电压最大为 10 μV，失调电压温漂为 1 μV/℃，失调电流为 25 pA，偏流为 50 pA，增益为 100 V/mV，输入电压典型值范围为 ±11 V，共模抑制比为 100 dB。

6）INA118（精密仪表放大器）

INA118 的主要特点是精度高、功耗低、频带宽。其失调电压为 50 μV，温漂为 0.5 μV/℃，偏流为 5 nA，最小共模抑制比为 110 dB，单位增益带宽为 800 kHz，电源电压为 $\pm1.35 \sim \pm18$ V。

7）INA2128（低电压双通道通用仪表放大器）

INA2128/128/129 的性能相同，其主要特点是电源电压低、工作电流小，适合于便携式电池供电的仪表中，其电源电压为 $\pm2.25 \sim \pm18$ V，静态电流为 700 μA，失调电压为 50 μV，温漂为 0.5 μV/℃，偏流为 5 nA，共模抑制比为 120 dB，带宽为 200 kHz。图 8.30 是几种常用集成运放的管脚排列；表 8-2 列出了几种常用集成运放的性能，供选用时参考。

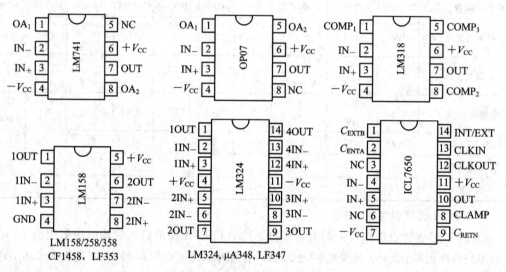

图 8.30　几种常用集成运放的管脚排列

实训 8.2　增强驱动能力的运算放大器应用电路

1. 实训目的

（1）熟悉正负分压电路的应用。

（2）掌握四运放 LM324 的管脚分布和接线方法。

（3）了解电路的工作原理，掌握电路的调整方法。

2. 实训设备和器件

（1）实训设备：直流稳压电源 1 台，万用表 1 块，电烙铁等常用工具 1 套。

（2）实训器件：集成运放 LM324 1 个，电阻 9.1 kΩ、150 kΩ 各 1 只，三极管 9012、9013 各 1 只，电阻 510 Ω、10 Ω 各 2 只，电位器 1 kΩ、直流 9 V 继电器各 2 只，二极管 1N4148 4 只，10 kΩ 电阻 5 只，万能焊接板 1 块，导线若干。

3. 实训电路与说明

图 8.31 所示电路由输入级、电压放大级、输出级和控制级四部分构成，其中 R_1、R_{P1}、R_2、R_{P2} 构成的正负分压调压电路作为输入级，LM324、R_3、R_4、R_5 构成的反相比例放大器作为电压放大级，9012、9013、R_6、R_7、R_8、R_9、D_1、D_2 构成的互补对称功率放大器作为输出级，继电器 KA$_1$ 控制 LED$_1$，继电器 KA$_2$ 控制 LED$_2$。图 8.32 是 LM324 管脚框图，图 8.33 是一款继电器管脚底视图。

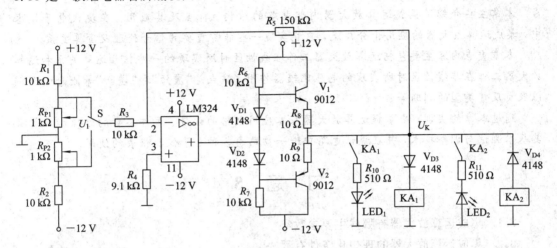

图 8.31　运算放大器 LM324 的应用

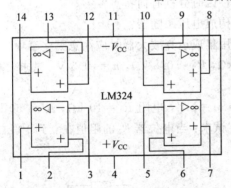

图 8.32　LM324 管脚框图

图 8.33　一款继电器管脚底视图

如开关 S 接 R_{P1}，运放输入为正，其输出为负，此时三极管 9012 通过继电器 KA$_2$ 导通，发光二极管 LED$_2$ 亮；若开关 S 接 R_{P2}，运放输入为负，其输出为正，此时三极管 9013 通过继电器 KA$_1$ 导通，发光二极管 LED$_1$ 亮。

4. 实训内容和步骤

(1) 连接好电路，确认无误后通电调整。

(2) 开关 S 置 R_{P1} 处，调 R_{P1} 使发光二极管 LED$_2$ 正常发光。

(3) 开关 S 置 R_{P2} 处，调 R_{P2} 使发光二极管 LED$_1$ 正常发光。

5. 思考题

(1) 在运放与控制电路之间插入互补输出级的用意如何？简要叙述其工作过程。

(2) 9012、9013 发射极的 10 Ω 电阻作用如何？

【本章小结】

本章主要介绍了集成运算放大器内部电路的结构、特点及其应用。在现代电子技术中，集成运算放大器的应用十分广泛，它能实现一些非常重要的信号处理及运算关系。

本章重点内容主要包括运算放大器工作在线性区时所实现的一些信号运算关系和运算放大器工作在非线性区时所实现的电压比较器作用，难点是"虚短"和"虚断"等概念的理解以及负反馈类型的判断等。

通过本章的实训，应掌握运算放大器基本应用电路的设计、元件参数的选择和计算及其基本测试与调整技术，并在调试电路中进一步熟悉各种电子仪器仪表的使用。

习 题 8

8.1 集成运算放大器有哪些主要参数？

8.2 集成运算放大器的理想化条件有哪些？

8.3 集成运算放大器工作在线性区和非线性区时分别有何特点？

8.4 在什么条件下可将同相比例运算电路构成电压跟随器？

8.5 集成运算放大器的保护有哪些？在使用集成运算放大器时应注意哪些事项？

8.6 电路如图 8.34 所示，已知：$R_f = 16\ \text{k}\Omega$，$R_1 = 0.8\ \text{k}\Omega$，$u_i = 0.5\ \text{V}$。试求：输出电压 u_o 及电阻 R_2。

8.7 电路如图 8.35 所示，图中，输入电压 $u_i = 1\ \text{V}$，电阻 $R_1 = 10\ \text{k}\Omega$，$R_f = 50\ \text{k}\Omega$，$R_2 = 10\ \text{k}\Omega$，电位器 R_P 的变化范围为 $0\sim10\ \text{k}\Omega$，试求：当电位器 R_P 的阻值在 0 到 10 kΩ 之间变化时，输出电压 u_o 的变化范围。

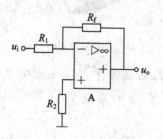

图 8.34 题 8.6 的图

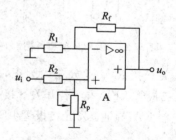

图 8.35 题 8.7 的图

8.8 判断如图 8.36 所示电路的反馈类型，写出其输出和输入电压关系的表达式。

8.9 如图 8.37 所示电路，写出其输出和输入电压关系的表达式。

8.10 电路如图 8.38 所示，求出输出电压 u_o 与输入电压 u_{i1}、u_{i2}、u_{i3} 之间运算关系的表达式。

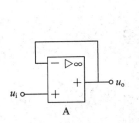

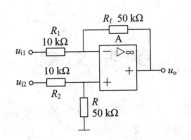

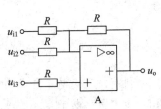

图 8.36 题 8.8 的图   图 8.37 题 8.9 的图   图 8.38 题 8.10 的图

8.11 画出实现下列运算的电路($R_f = 120$ kΩ)。

(a) $u_o = -3u_i$；(b) $u_o = 3u_i$

8.12 电路如图 8.39 所示，设运放具有理想特性，且已知其最大输出电压为 ±15 V，当将 m、n 两点接通时，$u_i = 1$ V，$u_o =$ ___ V；m 点接地时，$u_i = -1$ V，$u_o =$ ___ V。

8.13 电路如图 8.40 所示，$R_1 = 100$ kΩ，$C_f = 10$ μF，求输出电压 u_o 与输入电压 u_i 之间的关系表达式。

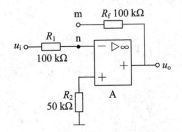

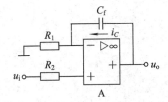

图 8.39 题 8.12 的图   图 8.40 题 8.13 的图

8.14 电路如图 8.41 所示，

(1) 写出输出电压 u_o 与输入电压 u_{i1}、u_{i2} 之间运算关系的表达式。

(2) 若 $R_{f1} = R_1$，$R_{f2} = R_2$，$R_3 = R_4$，写出此时 u_o 与 u_{i1} 和 u_{i2} 的关系式。

8.15 写出图 8.42 所示运算电路中输出与输入的关系式。

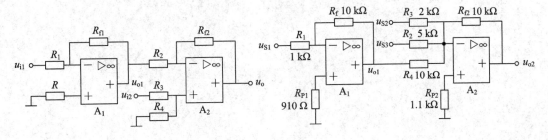

图 8.41 题 8.14 的图   图 8.42 题 8.15 的图

参 考 文 献

［1］ 何超．现代电工电子测量技术．北京：中国人民大学出版社，2000

［2］ 秦曾煌．电工学．北京：高等教育出版社，1999

［3］ 胡斌，杨海兴．无线电元器件检测与修理技术．北京：人民邮电出版社，1998

［4］ 金正浩，高静，希林．怎样检测家用电器电子元器件．北京：人民邮电出版社，2000

［5］ 丘川弘．电子技术基础操作．北京：电子工业出版社．1999

［6］ 吴桂秀．万用表使用维修入门．杭州：浙江科学技术出版社，2001

［7］ 刘希富，张楼英．电子元件测量基础．武汉：华中理工大学出版社，2000

［8］ 焦辐厚．电子工艺实习教程．哈尔滨：哈尔滨工业大学出版社，1992

［9］ 熊保辉．电子技术基础．北京：中国电力出版社，1996